EWALD RICHTER

Heideggers Frage nach dem Gewährenden und die exakten Wissenschaften

Philosophische Schriften

Band 5

Heideggers Frage nach dem Gewährenden und die exakten Wissenschaften

Von

Ewald Richter

Duncker & Humblot · Berlin

Die Deutsche Bibliothek – CIP-Einheitsaufnahme

Richter, Ewald:
Heideggers Frage nach dem Gewährenden und die exakten Wissenschaften / von Ewald Richter. – Berlin : Duncker und Humblot, 1992
(Philosophische Schriften ; Bd. 5)
ISBN 3-428-07391-6
NE: GT

Fremddatenübernahme: Werksatz Marschall, Berlin 45
Druck: Werner Hildebrand, Berlin 65
Printed in Germany

ISSN 0935-6053
ISBN 3-428-07391-6

Inhalt

A. **Vorwort** 7

B. **Einführung** 13

C. **Das rätselhafte ‚Gegenüber' des Gegenstandes** 28

I. Der ‚Gegenstand' der naturwissenschaftlichen Erkenntnis 28

II. Heideggers Vorbehalte gegen Bewußtseinstheorien 32

III. Subjektsphäre und ‚Hinterwelt' — eine Vorstellung, die immer noch Verwirrung stiftet 33

D. **Intentionalität und Wahrheit** 37

I. Der Bezug auf ‚Seiendes selbst' und die Möglichkeit der Täuschung 37

II. Die Intentionalität (Wahrnehmung und Herstellung) 40

III. Die Fundierungszusammenhänge 42

IV. Das Verfehlte eines Wahrheitsbegriffes, der an vorgestellten Relationen orientiert ist 44

E. **Die Wesensbestimmung des Menschen und das Wahrheitsgeschehen** 47

I. Der Logos und das Maß der Physis 47

II. Der Mensch ist ‚einbezogen' in das Wahrheitsgeschehen 49

F. **Der Entwurf der neuzeitlichen Naturwissenschaft und Kants Frage nach den ‚Bedingungen der Möglichkeit der Erkenntnis'** 52

I. Die Bedingungen der neuzeitlichen Naturwissenschaft (Kants Thesen und Heideggers Vortrag über ‚Die Zeit des Weltbildes') 52

II. Die ‚Anwendbarkeit' der Mathematik nach Kant 59
1. Vorbemerkung 59
2. Die Mathematik und ihr ‚unmittelbarer' Objektbezug 60
3. Die Anwendung der Mathematik in der Physik 65
III. Das ‚herausfordernde Entbergen' und die ‚Sinnkrise' der modernen Naturwissenschaft 71
IV. Die moderne Mathematik und Naturwissenschaft im Lichte der ‚Rückfrage' Heideggers 74

G. Elemente des modernen Wissenschaftsbegriffes 79
I. Der ‚Kalkül'. Ein endliches Regelsystem — bezogen auf ein endliches Alphabet 79
II. Sprachbezug und Spracherweiterung in der Mathematik 83
III. L. E. J. Brouwer und das Fundament von Logik und Mathematik. Die philosophische Relevanz der Arbeiten Brouwers 86
IV. Formale Logik 98
V. Die ‚Sicherheit' der Wahrheiten der Logik und der ‚exakten Wissenschaften' 104
1. Vorbemerkung 104
2. Worauf beruht die ‚Sicherheit' der Logik? 106
3. Die Logik und die Wissenschaften 107

H. Herausforderndes Entbergen und freies Verhältnis zur Wahrheit 109
I. Der Mensch ist selbst herausgefordert zum herausfordernden Entbergen 109
II. Die Möglichkeit des Freiseins gegenüber dem ‚Gestell' 110
III. Schlußbetrachtung. Die Ermöglichung des ‚freigebenden Sein-bei' und die ‚exakten Wissenschaften' 114

A. Vorwort

Welche Bedeutung hat Heideggers Frage nach dem ‚Gewährenden' für die ‚exakten Wissenschaften'? Der gewählte Titel der vorliegenden Untersuchung läßt mit Recht erwarten, daß einführend einige Hinweise auf die wichtigsten Punkte gegeben werden.

Die Wissenschaften sind in unserer Zeit zu einer Instanz geworden, deren Autorität und damit Wirksamkeit für das Leben der Menschen außer Frage steht. Zwar ist die Nachvollziehbarkeit des wissenschaftlichen Denkens — dies besonders in abstrakteren Bereichen — nicht jedem leicht verfügbar, doch hindert dies nicht, daß die ‚Sicherheit' des Vorgehens der Wissenschaften allgemein spürbar ist. Solcherart ‚Sicherheit' wird angebbare Gründe haben, d. h. das wissenschaftliche Vorgehen wird sich charakterisieren lassen und diese Auszeichung läßt eine Frage eigener Art erwachsen: Die Frage nach der Ermöglichung der besonderen Art der Prägung der wissenschaftlichen Erkenntnis. Es kann dahingestellt bleiben, wer dieser Frage nachzugehen habe, der Philosoph vom Fach oder der philosophisch interessierte Wissenschaftler. Wichtig ist allein, daß die Frage gestellt wird und wie sie gestellt wird.

Für *Kant* war die Problematik eines ‚sicheren Ganges der Wissenschaft' ein Grundmotiv für seine ‚Kritik der reinen Vernunft'. Kant sah, daß Mathematiker und Naturwissenschaftler an ihren Gegenstand mit gezielten Fragen herangehen. Würde ein Naturwissenschaftler nicht mit dem Experiment in der einen Hand und mit einem nach Prinzipien entworfenen Plane in der anderen Hand der Natur gegenübertreten und diese nötigen, auf seine gezielten, dem Plan gemäß veranstalteten Fragen einzugehen, so würde sich ihm die Natur nicht in einer den Fortschritt ermöglichenden Weise fügen.[1] In einem vertieften Sinn greift Heidegger diese Frage wieder auf, wenn er die These aufstellt, der neuzeitliche — sich mit Erfolg der modernen Wissenschaft bedienende — Mensch sei dazu ‚herausgefordert', seinerseits die Natur ‚herauszufordern' und zu ‚stellen'. Heidegger greift diese Frage zugleich in einer Weise auf, die das Fundierungsproblem für die Wissenschaften mit einbezieht. Ohne Antwort auf die Frage nach dem Fundierenden für einen wissenschaftlichen Entwurf, d. h. nach dem Bereich, der schon ‚offen' sein muß, damit Wissenschaft beginnen kann, wäre die Wissenschaft nicht in der Lage, eine befriedigende Rechenschaft über sich selbst abzugeben. Heideggers Thesen beinhalten also einerseits eine Bestimmung dessen, was die Wissenschaft im wahrsten Sinne des Wortes ‚macht' — nämlich so ‚macht', daß sichtbar wird: eine gemeinschaftliche Versicherung und ein gemeinschaftliches Korrekturverfahren ist dem ‚herausfordernd stellenden' Wissenschaftler an die Hand gegeben. Die Thesen lenken andererseits aber darüber hinaus auf dasjenige, in dessen Offenheit der Wissenschaftsentwurf überhaupt nur ansetzen kann. Was das erstere betrifft, so ist das die Sicherheit verbürgende Vorgehen nicht von der Art, daß ihm gleichsam die Antwort auf die Frage mitgegeben ist, worauf die Sicherheit als solche beruhe. Für diese Antwort bedarf es der ausdrücklichen philosophischen Bemühung, und bei dieser Bemühung ist die zusätzliche Problematik der Fundierung mit einzubeziehen. Eine bemerkenswerte Konsequenz des Einbezuges der Fundierungsfrage zeigt sich in der Möglichkeit, das alte Platonische Problem neu aufzugreifen und zu durchdenken, in welchem Sinn die Wissenschaft selbst dort, wo sie mehr oder weniger in interne Irrtümer verstrickt ist, immer schon ‚auf Seiendes selbst' bezogen ist. Dies zu sehen, ist ein nicht zu unterschätzender Punkt, denn in

[1] I. Kant, Kritik der reinen Vernunft, 2. Ausg., Riga 1787, S. XIII. Die erste Auflage (1781) wird im folgenden mit A, die zweite (1787) mit B zitiert.

wachsendem Maße wird es erforderlich, sagen zu können, was wir ‚schon haben' und schon haben müssen, wenn Fragen nach der Ermöglichung der Wissenschaft nicht unbeantwortet bleiben sollen und wenn vermieden werden soll, daß sich das neuzeitliche Denken in Irritationen besonderer Art verstrickt. Der Wissenschaftler, der die angedeuteten philosophischen Fragen nicht ausdrücklich mit einbezieht, wird dennoch behaupten können, er sei damit befaßt, seinen ihm ‚gegenüberliegenden' Gegenstand möglichst ‚korrekt' zu beschreiben. Sich so auszudrücken, ist er durchaus berechtigt. Doch kann sich die philosophisch unreflektierte Überzeugung vom gegenüberliegenden Gegenstand dem Eingeständnis nicht entziehen, daß es eben gerade die Frage nach der Ermöglichung ist (und diese so weit gefaßt, daß die Fundierungsfrage dazugehört), die hier noch nicht gestellt ist. Ihr nachzugehen ist nicht zuletzt für die Wissenschaften selbst von höchstem Interesse. Indem dies der Untersuchung zu einer Grundfrage Heideggers vorangestellt wurde, kann jetzt mit gutem Grund gefragt werden, welcher Art der Bezug zum Seinsdenken Heideggers ist.

Heideggers zentrale Frage ist die Frage nach dem ‚Gewährenden'. Der ‚Seinsphilosoph' Heidegger hat sich dem ‚Gewährenden' auf seinem zweiten Ausarbeitungsweg der Seinsfrage in einem vertieften Sinn zugewandt. Sein als Anwesen wird selbst ‚gewährt'. Im ‚*Anwesen*-lassen' ist das ‚Lassen' zunächst auf Seiendes bezogen. Wird dann jedoch das Anwesen selbst eigens bedacht, dann kann Anwesen-*lassen* bedeuten: Das Anwesen in und ‚durch dieses Lassen in das' zulassen, ‚wohin es gehört'.[2] Heideggers Frage nach dem ‚Gewährenden' wird damit zur Frage nach dem ‚Ereignis', das Anwesenheit gewährt. Ausführlicher (jedoch vorweisend, d. h. hier ein volles Verständnis noch nicht unterstellend) kann gesagt werden: Heidegger fragt nach *dem Sinn von*

[2] Protokoll zu einem Seminar über den Vortrag ‚Zeit und Sein', in: M. Heidegger, Zur Sache des Denkens, Tübingen 1969, S. 40.

Sein überhaupt, nach der Wesung der Wahrheit des Seins als Ereignis, das ‚Anwesenheit' von Seiendem gewährt.[3]

In ‚Sein und Zeit' (im folgenden kurz: SuZ) ist die Frage nach dem Sinn von ‚Sein überhaupt' gestellt. Hier ermöglicht die Erschlossenheit von ‚Sein überhaupt' Anwesenheit von Seiendem. Doch blieb Heidegger nicht stehen bei einer transzendental-horizontalen Struktur der Erschlossenheit. Die in SuZ gedachte Erschlossenheit (und damit auch der ‚geworfene Entwurf') wird später ursprünglicher erfahren als ‚ereigneter' Entwurf. Ist dann vom ‚Gewährenden' die Rede, das die ‚Weisen der Wahrheit' gewährt, so geht es dabei um ein Geschehen von ‚Lichtung und Verbergung'.

Es bedarf kaum der ausdrücklichen Erwähnung, daß die Vorwegnahme Heideggerscher Grundgedanken auf einen Wissenschaftler in der Regel wie eine arge Zumutung wirkt. Auch demjenigen, dem die Grundlagenprobleme der heutigen Wissenschaften wichtig sind, sind Worte wie ‚Gewährendes', ‚Lichtung' und ‚Verbergung' oftmals kaum mehr als Fremdworte. Und dennoch muß hier betont werden: Heideggers Frage nach dem ‚Gewährenden' betrifft nicht zuletzt auch diejenige Weise der ‚Entbergung', die die moderne Naturwissenschaft auf ihren Weg gebracht hat und sie fortlaufend bestimmt. Sie betrifft insbesondere etwas, das seinem Grundzug nach der Naturwissenschaft unterliegt, der äußeren Erscheinung nach jedoch ein ‚Späteres' ist: Das Wesen der modernen Technik. Jeder hat es heute vor Augen: Die moderne Technik beschert uns ‚Triumph' und Not zugleich.

---

[3] Ich greife hier eine Formulierung F.-W. v. Herrmanns auf, aus der zweierlei hervorgeht: 1. Das Ereignis-Denken Heideggers vertieft die Seinsfrage um einen wesentlichen Schritt. 2. Es bleibt dem Seinsdenken gleichwohl unmittelbar verbunden.

Heideggers Wort vom Gewährenden wirft ein bezeichnendes Licht auf seine Rückfrage. Dieses Wort ist dem Verf. zum Leitmotiv seiner Überlegungen geworden. Nicht zuletzt verdankt er den Werken und persönlichen Anregungen *F.-W. v. Herrmanns* wichtige Hinweise (vgl. auch die Anm. 4 in der ‚Einführung').

Heideggers These besagt, daß das Wesen der modernen Technik, dasjenige also, dem die Frage nach dem Gewährenden gilt, schon die moderne Naturwissenschaft bestimmt. Moderne Logik, Mathematik und mathematische Naturwissenschaft werden im folgenden als diejenigen Wissenschaften genommen, in denen sich anerkanntermaßen das ‚exakte' Denken entfaltet. Auf diese Wissenschaften, denen ihre vorzügliche Stellung kaum bestritten werden kann, werden sich die nachfolgenden Überlegungen beschränken.

B. Einführung

Womit kann sinnvoll begonnen werden, wenn deutlich werden soll, inwiefern das Denken Heideggers dem Wissenschaftler — insbesondere dem Logiker, Mathematiker und Naturwissenschaftler — zu helfen vermag? Es darf nach dem im Vorwort Gesagten nicht verwundern, wenn es erforderlich ist, angesichts dieser Frage ein wenig auszuholen, um anschließend die Hauptgesichtspunkte, die hier ins Auge zu fassen sind, herausstellen zu können.

Seit gut hundert Jahren ist eine Entwicklung im Gange, in der Logik, Mathematik und Naturwissenschaft je für sich in Grundlagenprobleme gestürzt wurden, die mehr und mehr gemeinsame Züge und direkte Verbindungen aufweisen. Besonders hervorzuheben ist zunächst *Freges* ‚Begriffsschrift'. Frege gelang eine gleichermaßen logisch-mathematisch wie philosophisch revolutionäre Neubegründung, die eine tiefgreifende Grundlagenbesinnung erzwang. Aber auch sie barg weitere Probleme in sich. Die Russellsche Antinomie z. B. konnte nicht unbewältig stehen bleiben, und das für die Zahlbegründung erforderliche ‚Unendlichkeitsaxiom' stellte sich für die ursprünglichen Intentionen des Logizismus als eine unüberwindliche Schwierigkeit dar. Ebenso blieb das Erfordernis dieses Axioms (weil es ad hoc formuliert wurde) für den Versuch einer analogen mengentheoretischen Konzeption eine nicht befriedigend beantwortete Frage. Weitgehend unbehelligt hiervon, aber mit imponierendem Erfolg, etablierte sich in der ersten Hälfte unseres Jahrhunderts in der Mathematik das axiomatisch-deduktive Verfahren der Hilbertschule. Mehr und mehr mußte jedoch der ‚Formalismus' der axiomatisch-deduktiven Systeme dem Konstruktivismus Konzessionen einräumen, und zwar zunächst für gewisse unerläßliche metamathematische Beweise. Doch auch der Konstruktivismus mußte sich von seiner ursprünglichen Enge (die im anfänglichen intuitionistischen Konzept beschlossen war) befreien.

In der Physik führten Relativitätstheorie und Quantentheorie zu philosophischen Fragen, die gerade von den Begründern dieser Theorien als verwandt mit Kantischen, Platonischen und Aristotelischen Thesen empfunden wurden. Auch die Kantische Problematik der analytischen und synthetischen Urteile apriori (im Unterschied zu empirischen Wahrheiten) gewann an Bedeutung für eine übergreifende Diskussion zu Logik, Mathematik und mathematischer Naturwissenschaft.

Die angeführten Denkbewegungen in Logik, Mathematik und Physik können umwälzend genannt werden. Ihre philosophischen Implikationen sind bis zum heutigen Tage noch keineswegs voll aufgearbeitet. Die Philosophie selbst jedoch, sowohl hinsichtlich der von den Wissenschaften implizit aufgerollten philosophischen Fragen als auch bezüglich der Kerngedanken eines bedeutenden Philosophen, hat stets einen weit vorausweisenden Charakter. Vom Denken *Martin Heideggers*, das nicht unmittelbar auf die genannten ‚exakten' Wissenschaften bezogen ist, wohl aber für sie eine hohe Bedeutung besitzt, gilt dies in besonderem Maße. Das Schicksal mannigfacher Mißdeutungen blieb Heidegger freilich nicht erspart. Mancher verzagte in der Bemühung, Heideggers Denken zu verstehen. Einige sahen bzw. sehen in ihm einen ‚Verführer im Denken', wieder andere einen mehr oder weniger abzustellenden ‚Klassiker'. Doch auch dies zeigt sich: Alle diese Wertungen und Einordnungen überleben sich schnell, eines jedoch wird Boden gewinnen: Die Einsicht, daß mit Martin Heidegger wie nirgend sonst ein „neuer Ernst" in das Geschäft des Denkens gekommen ist, daß mit ihm ein „radikales philosophisches Fragen" begann.[1] Ist die Annah-

[1] H.-G. Gadamer, Heideggers Wege. Studien zu seinem Spätwerk, Tübingen 1983, S. 56.

me akzeptabel, daß einem solchen Denken die Probleme der modernen Logik, Mathematik und mathematischen Naturwissenschaft äußerlich und fremd gegenüberstehen? Dies kann nur der unterstellen, der Heideggers Denken für leer und unfruchtbar hält. Wie die Dinge allerdings zur Zeit noch liegen, kann eine solche Einschätzung durch keine äußere Werbung verändert werden. Wie also kann das vorliegende Thema in Angriff genommen werden? Muß nicht erwartet werden, daß größte Skepsis ihm entgegenschlägt? In der Tat mag es zunächst so scheinen, als bedürfe dieses Thema einer besonderen Rechtfertigung. Doch wenn es einer solchen bedarf, dann kann sie allein durch die Sache selbst gegeben werden.

Der Wissenschaftler kann als solcher mit Recht darauf bestehen, daß die wissenschaftlichen Theorien trotz aller Irrtümer, die sich in ihnen noch finden mögen, ihres grundsätzlichen Bezuges auf den Gegenstand sicher sein können. Die Theorie kann mehr oder weniger ‚gut' sein, — wie immer es sich damit verhält, ‚bezogen' wird die Theorie auf etwas, das der Naturwissenschaftler unverbindlich den ‚Gegenstand' nennen kann. — Dieses ‚worüber' (d. h. dasjenige, worüber gesprochen wird) wird auch dort unterstellt, wo die ‚wahre' Theorie noch ausstehen mag. Doch, wenn dies so ist, besagt es dann nicht, daß zuvor ‚gewußt' werden muß, wo Seiendes, ‚über' das gesprochen wird, ‚selbst' sich zeigt? Und ist nicht zusätzlich erforderlich, zu ‚wissen', was es heißt, es werde über Seiendes ‚als' Gegenstand (d. h. im Modus der Gegenständlichkeit oder — wie Heidegger sagt — Gegenständigkeit) gesprochen, und es gehe dann darum, zu wissen, ob der ‚Gegenstand selbst' als dieser (doch auch vorgängig ‚gehabter') getroffen oder verfehlt werde? Kann ferner die Frage nach den Möglichkeitsbedingungen einer Wissenschaft sachgerecht beantwortet werden, wenn mit den Bedingungen nicht — im streng phänomenologischen Sinn — die Sache selbst (nach Heidegger: das Sein des Seienden) aufgewiesen wird? Wird nicht ein unverfälschtes Sich-zeigen-können des Seienden unverständlich, wenn der Mensch nicht als derjenige gesehen wird, der — auf ein Offenes des Seins angewiesen — diesem gehört, diesem ‚überantwortet' ist? Ist es vertretbar, Heideggers Skepsis gegen die ‚Bewußtseinsphilosophie' und den ‚Subjektivismus' leichtfertig als kaum nachvollziehbar einzustufen? Es wird gut sein, sich ganz im Gegenteil vor einem vorschnellen Urteil zu hüten.

Heideggers ‚Weg in die Phänomenologie', in das, was ihm zur ‚Sache des Denkens' wurde, war gekennzeichnet von einer charakteristischen Erfahrung. Es war die Zwiespältigkeit der Phänomenologie seiner Zeit, die ihm mehr und mehr bewußt wurde. In seinem eigenen Studium und dann in seiner persönlichen Begegnung mit Husserl hat Heidegger diesen Zwiespalt erfahren. Besonders einschneidend wurde die Erfahrung, als Heidegger sehen mußte, daß Husserl gerade in diejenige Richtung einschwenkte, die er selbst nicht teilen konnte.

Die Anziehungskraft der Phänomenologie (die ‚Logischen Untersuchungen' Husserls noch mit einbezogen) lag für Heidegger darin, daß hier ein Versuch unternommen wurde, das ‚Sich-zeigen' des ‚Seienden selbst' zu begründen. ‚Seiendes selbst' kann sich zeigen als das, was es ist, — und auch ‚sich zeigen' als das, was es nicht ist. Wie ist dies möglich? Bei Husserl führte die Begründung der Möglichkeit schließlich auf eine ‚transzendentale Phänomenologie', bei der als ‚transzendental' die ‚Subjektivität' angesetzt war.[2] Heidegger war demgegenüber vom griechischen Denken angezogen. Er sah, daß das ‚Sich-selbst-bekunden der Phänomene' von den Griechen zurückgeführt wurde — mit Heideggers Worten formuliert — auf die „Unverborgenheit des Anwesenden, dessen Entbergung, sein Sich-zeigen".[3] Die Frage lautet also:

---

[2] M. Heidegger, Mein Weg in die Phänomenologie, in: Zur Sache des Denkens, Tübingen 1969, S. 84.

[3] Ebd., S. 87.

Wie ist ein Freigeben des Seienden ins Offene, ein schlichtes Lassen des Seienden überhaupt möglich?

Heidegger antwortet: Seiendes besagt stets ‚Seiendes in seinem Sein'. Schlichtes Lassen des Seienden ist nur möglich durch ein Lassen des Seins. Nur wenn das Sein des Seienden zugelassen wird, vermag das Seiende von demjenigen her erfahren zu werden, in das es gehört. Das Sein-bei (entdecktem Seienden) ist ein Grundthema von SuZ. Auch hier ist schon das später weiter vertiefte Motiv des Hinweises auf vorgängige ‚Welterschlossenheit' wirksam.[4] Im Unterschied

[4] Dasein ist nach SuZ auch für sich selbst erschlossen in Geworfenheit und Entwurf. Dies allein festzustellen — ohne Bezug auf das entdeckte Seiende —, genügt jedoch nicht, wenn subjektivistischen Fehlinterpretationen von vornherein der Boden entzogen werden soll. *F.-W. v. Herrmann* hat hier eine wichtige Klarstellung vollzogen, aus der einige Passagen nachfolgend zitiert seien. „Die Erschlossenheit der Bedeutsamkeit ist nicht identisch mit dem geworfenen Entwurf." Vielmehr hat „die Erschlossenheit der Welt, worin das Dasein geworfen-entwerfend existiert", „vorgängig das Dasein und das nichtdaseinsmäßige Seiende zusammengeschlossen." (SuD, S. 60 f.). Welche Rolle spielt demgemäß das ‚Sein-bei' in der unteilbar dreigliedrigen Sorgestruktur (Geworfenheit, Entwurf, Sein-bei)? v. Herrmann schreibt hierzu weiter: Das Sein-bei „gehört zur Sorge als formal indifferentes Strukturmoment, ebenso wie das Sich-vorweg und das Schon-sein-in." Im „besorgenden Sein bei der vertrauten Welt" meint ‚Welt' zunächst „die in ihrer Vertrautheit offenbare Umwelt." Die Welt-Analytik (§ 18 v. SuZ) zeigt dann, „daß dieses besorgende Sein bei der vertrauten Welt den ekstatischen Charakter des Bewendenlassens, des Freigebens und Entdeckens hat." Zugleich aber wird dort, „wo der entdeckende Grundzug des Sein-bei gesichtet wird", „erstmals phänomenologisch-ontologisch verstanden, daß das, worauf Seiendes freigegeben wird, die Bewandtnisganzheit als Welt, für dieses Freigeben und für das Entdecken im vorhinein erschlossen sein muß." (Vorgängige Erschlossenheit von Welt). (SuD, S. 208 ff.). Aus dem späteren Humanismusbrief läßt sich entnehmen, wie von Heidegger die „in ‚Sein und Zeit' erfahrene Geworfenheit noch ursprünglicher erfahren wird." Hier geht es um die „Herkunft der Geworfenheit aus dem Sichzuwerfen und Sichzuschicken des Seins in seiner Wahrheit als Lichtung" (HuF, S. 278). Der Zusammenhang mit der Frage nach dem ‚Gewährenden' ergibt sich aus folgendem Hinweis v. Herrmanns: „Dort, wo die Rede vom Gewährenden ist (z. B. im Technik-Vortrag), ist die Frage nach dem Sinn von Sein überhaupt die Frage nach der Wahrheit (früher Erschlossenheit) des Seins in ihrer Wesung als Ereignis, d. h. als Gegenschwung oder Kehre von ereignendem Zuwurf und ereignetem Entwurf." (Antwortschreiben an den Verf. vom 14.4.91).

F.-W. v. Herrmann, Subjekt und Dasein, 2. Aufl. Frankf. a. M. 1985 (zitiert als SuD).

zu Heidegger fragt die subjektivistische Philosophie nach ‚subjektiven Bedingungen der Möglichkeit'. Husserl war der Überzeugung, auf Grund seiner phänomenologischen Untersuchungen sagen zu können: Das gemeinte Seiende ist in der Wahrnehmung selbst gegenwärtig. Aber — und hierher gehört Heideggers Protest — dieser fruchtbare Ansatz wird abwegig unterlaufen, sobald das Sein des Seienden ins Bewußtsein verlegt wird.

In den nachfolgenden Überlegungen wird an mehreren Stellen versucht, das Abwegige der Bewußtseinsphilosophie deutlich werden zu lassen. Zugleich wird Heideggers Neuansatz auf folgenden Gedanken bezogen, der vielleicht als der Leitgedanke seines Denkens bezeichnet werden kann und der deutlich macht, inwiefern der Mensch das Sein ‚lassen' (zulassen) kann, ohne es in andere ‚Sphären' hinüberzunehmen. Dem Menschen ist dieses gewährt, insofern er seinem Wesen nach dem Geschehen der Wahrheit (von ‚Entbergung' und ‚Verbergung') gehört, diesem nicht zuletzt ein sog. ‚Vermögen' und ‚Können' verdankt.

Die von Heidegger gewonnenen Einsichten werfen auch auf den Gegenstandsbegriff des Naturwissenschaftlers ein neues Licht. Einerseits bestätigen sie die Berechtigung des Objektbezuges der wissenschaftlichen Theorien. Darüber hinaus präzisieren sie, worin der Bezug beruht und sagen, was schon vorauszusetzen ist, damit die Rede vom ‚worauf' des Bezuges (d. h. vom Gegenstand in seiner Gegenständigkeit) sachhaltig gegründet ist.

Versucht man zu sagen, was dieser Gegenstand des näheren sei, so zeigt sich, daß in diesem Begriff viele Probleme zusammenlaufen. Spricht man an Frege denkend vom Abendstern und Morgenstern als demselben ‚Gegenstand',

---

Derselbe, Der Humanismus und die Frage nach dem Wesen des Menschen. Daseinsanalyse 1988 (5) (zitiert als HuF).

so legt man Wert darauf, daß nicht der ‚Sinn' (wie Frege es genannt hat) gemeint, sondern das ‚eine' Referenzobjekt intendiert sei. Der Bezug auf das Referenzobjekt birgt wiederum verschiedene Fragen in sich, die bereits Kant mit voller Klarheit ausgesprochen hat. Insofern der Gegenstand, auf den wir in der Erkenntnis bezogen sind, etwas von allen unseren Vorstellungen Verschiedenes sein soll, haben wir ihn nicht, er ist gleichsam für uns nichts. Im selben Satz fügt Kant jedoch hinzu, daß dieser Gegenstand Einheit notwendig mache.[5] Genauer ist im Sinne Kants zu unterscheiden: Der Gegenstand als das bloße X und der Bezug auf den Gegenstand, der eine Einheit notwendig macht, die Kant als die ‚formale Einheit des Bewußtseins in der Synthesis des Mannigfaltigen der Vorstellungen' kennzeichnet (ebd.). Beides, das bloße X und die notwendige Einheit, ist vom Standpunkt der Erkenntnis her gesprochen, — aber selbst von der Erkenntnis her gesehen, genügen diese beiden Gesichtspunkte noch nicht. Wie weit auch immer die Forschung fortgeschritten ist, auch im Vorwege muß die Frage, ‚worüber' denn gesprochen werde, ‚worauf' die Erkenntnis bezogen sei, so beantwortet werden können, daß das ‚etwas', auf das wir bezogen sind und von dem wir etwas aussagen, weder nichts ist, noch mit der vorkonzipierten Einheit zusammenfällt. D. h. wir müssen — die philosophische Relevanz dieses Punktes war bereits deutlich hervorgehoben — das ‚Seiende selbst' in gewisser Hinsicht ‚schon haben'. Was sonst könnte es heißen, wahr oder falsch über das Seiende zu sprechen, d. h. letzteres als das auszusagen, was es ist und wie es ist — oder gerade auch nicht ist.

Heidegger hat die Frage nach dem ‚worüber' einer gegenstandsbezogenen Aussage dadurch beantwortet, daß er das ‚Schon-Haben von etwas' durch die Fundierungsverhältnisse hindurch zurückverfolgte bis zum Grunde der Anwesenheit

---

[5] I. Kant, Kritik der reinen Vernunft, A 105.

des Anwesenden, d. h. bis zum ‚Haben' des Anwesenden selbst, — und zwar in einer Weise, in der er bei seinen Untersuchungen das Charakteristische der Auslegung von ‚etwas als etwas' im Auge hatte. Wird dann der Weg von der ‚Anwesenheit des Anwesenden' zurückgegangen, so zeigt sich, daß wir in der Tat auch für die Erkenntnis das Seiende schon selbst ‚haben', obwohl wir uns von jener her genötigt sehen, dieses ‚etwas' (das Seiende, auf das wir uns beziehen) als ein X zu bezeichnen. Der Bezug geht ohne Frage auf den ‚Gegenstand selbst', wobei allerdings gerade nicht davon abgesehen werden kann, daß das Seiende vorgängig als solches ‚anwest'.

Wie in Abschnitt F. I. dargelegt und in F. IV. wieder aufgegriffen wird, sieht Heidegger im Entwurf der modernen Naturwissenschaft den Entwurf eines vorgreifenden Grundrisses. Insofern ein ‚Grundriß der Naturvorgänge' in einem schon offenen Bereich der Natur entworfen ist, muß jeder Vorgang in diesen Grundriß ‚hineingesehen' werden. Die Bindung an den so geprägten Gegenstandsbereich hat den Charakter der ‚Exaktheit'. Derart einen Gegenstandsbereich zu eröffnen und sich an ihn zu binden, ist das, was ‚Forschung' primär vollzieht. Hiermit ist zugleich die Forderung nach einer bestimmten Art der exakten mathematischen Beherrschung verbunden.

Heideggers Frage nach dem Entwurf der modernen Naturerkenntnis nimmt Kants Frage nach den ‚Bedingungen der Möglichkeit' in die erarbeitete neue Sicht hinein. Für Kant stellte sich mit dem Problem der Einheitsbedingungen der Erkenntnis zugleich das Problem ihrer Deduktion. Die Einheit der objektiven Erkenntnis verweist aber Kant nicht allein auf die Einheit des Verstandes, sondern zugleich auf die Möglichkeitsbedingungen für ein ursprüngliches Geeinigtsein von Sinnlichkeit und Verstand. Zum ‚Gegenstand überhaupt' (bzw. zum ‚Ich denke') gehört zunächst die Frage nach der Möglichkeit der Identifizierung, die auf eine synthetische

Einheit geht. Sollen dabei aber Sinnlichkeit und Verstand ursprünglich geeinigt sein können, dann setzt die transzendentale Einheit der Apperzeption eine transzendentale Einheit der Einbildungskraft voraus. Dies ist für Heidegger der wichtigste Gesichtspunkt gewesen, den er — als von Kant nicht entschieden genug betont — selbst sehr nachdrücklich unterstreicht. Heidegger bedauert in diesem Zusammenhang, daß Kant das Problem der ontologischen Erkenntnis fast ausschließlich auf die ontologische Fundierung der positiven Wissenschaften beschränkt. Bei seiner intensiven Kantbeschäftigung registriert Heidegger fast mit Erstaunen, daß ein tiefsinniger und in jedem Gedankenschritt aufrichtiger Denker wie Kant einerseits die Bezogenheit der apriorischen Synthesis des Verstandes auf reine Zeitbestimmungen bemerkt, dann aber andererseits bei einer Wissenschaftsproblematik stehenbleibt, ohne in die Frage der Möglichkeit des Verstehens noch tiefer einzudringen. Schon die Möglichkeit der Wissenschaft selbst führe doch Kant auf die ‚produktive Einbildungskraft', durch die reines Denken und reine Anschauung geeinigt sind. Wie ist es dann zu beurteilen, daß Kant nicht die Ursprünglichkeit der produktiven Einbildungskraft auszeichnete und nur andeutungsweise von gemeinsamer ‚Wurzel' sprach?[6] Kant hatte anderes im Auge, das zwar nicht ohne Bezug zur Heideggerfrage ist, das diesen Bezug jedoch nicht sogleich erkennen läßt.

Konkreter gesprochen geht es bei dem von beiden Denkern Befragten um den folgenden Unterschied. Wenn es zutrifft (worin Heidegger Kant zustimmt), daß die ‚reine Synthesis der Einbildungskraft' von der ‚intellekturellen Synthesis' (durch die das Mannigfaltige einer Anschauung überhaupt in der bloßen Kategorie gedacht wird) unterschieden ist und als solche „freies Herstellen eines reinen Anblickes im Sinne der

[6] M. Heidegger, Phänomenologische Interpretation von Kants Kritik der reinen Vernunft, Gesamtausgabe, Bd. 25, S. 414 f. und S. 404 ff. (Auf die Gesamtausgabe wird im folgenden mit GA verwiesen).

Einheit der möglichen Zeitverhältnisse" ist (wenn sie ‚figürliche Synthesis' ist), dann erweist sich für Heidegger die reine zeitbezogene Einbildungskraft für eine „radikalere Zeitinterpretation als die Zeitlichkeit selbst" (als Zeitlichkeit im Sinne der ursprünglichen Einheit der ekstatisch-horizontalen Verfassung des Daseins). Kant gelangt nicht zu dieser „Radikalisierung" (ebd.) des Problems. Ihn interessiert vorrangig der synthetische Einfluß des Verstandes auf den inneren Sinn mit Bezug auf die Frage, wie alles sinnlich Gegebene der Form der Anschauung und der gesetzlichen Verbindung nach unter Bedingungen steht, die rein aus dem Verstande entspringen. Allerdings wird auch Kant hier zu einem Punkt geführt, bei dem er eine gesonderte Hervorhebung für angemessen hält. Daß die Synthesis der Apprehension der intellektuellen Synthesis in jedem Fall gemäß ist, ist nur möglich, wenn die reinen Anschauungen auch als formale Anschauungen (die selbst Einheit einer Synthesis sind) durch keine andere Einheit bestimmt werden als durch diejenige, die sich in den Kategorien ausdrückt. Ein und dieselbe Spontaneität trete hier unter doppeltem Namen auf: „dort unter dem Namen der Einbildungskraft, hier des Verstandes."[7] Was leicht übersehen wird, ist die Bedeutung von § 26 der Ausg. B der K. r. V.. In ihm sind jene Hinweise zu finden, aus denen ersichtlich wird, daß die Mathematik sowohl unmittelbar für die Bestimmung von Größen als auch mittelbar für die mathematische Formulierung von physikalischen Gesetzen (deren Sicherheit nicht allein in mathematischer Kompetenz steht) auf Erscheinungen ‚anwendbar' ist. Hierauf wird in F. II. näher einzugehen sein. An dieser Stelle sei angemerkt, daß der Kantische Ansatz der Gedanklichkeit der konstruktiven Mathematik am nächsten steht.

Kants Charakterisierung der Naturwissenschaft, die mit der Mathematik zusammen dadurch ausgezeichnet ist, daß

[7] I. Kant, Kritik der reinen Vernunft, B 162 Anm.

ihr ein ‚sicherer Gang' des Fortschreitens gelungen ist, bereitet in einigen nicht unwesentlichen Zügen Heideggers Bestimmung vor. Kant sah, daß der ermöglichende Entwurf der Naturwissenschaften durch die Art des Herangehens an die Natur charakterisiert werden kann. Dieses Herangehen ist ein ‚Vorschreiben' von etwas, nach dem sich die Natur zu richten hat. Der Vorschreibende muß, sofern es ihm um objektive Erkenntnis geht, im dargelegten Sinn ‚wollen', daß das Objektive — festen Regeln folgend — für ihn und für jeden anderen unter denselben Umständen immer wieder so und nicht anders sei.[8] Indem der nach Erkenntnis strebende Wissenschaftler in dieser Weise nach festliegenden, mathematisch formulierten Gesetzen sucht, die dem Einheitskonzept entsprechen, versucht er die Erfahrung so zu bewältigen, daß er das Erkannte ‚im Prinzip' und ‚in Analogie' selbst hätte hervorbingen können.[9] Vergegenwärtigt man sich in Umrissen die Bedeutung der theoretischen Philosophie Kants, so lassen sich mindestens drei unterscheidbare zentrale Gesichtspunkte hervorheben (die nähere Erörterung der Rolle der Kantischen Philosophie für das vorliegende Thema ist dem Abschnitt F. vorbehalten):

1. zeigt Kant, daß seine Kategorien als Begriffe vom ‚Gegenstand überhaupt' auf alles in der sinnlichen Anschauung Gegebene anwendbar sind und auch gar keinen anderen Gebrauch haben, als dieses Gegebene unter einem Bewußtsein zusammenkommen zu lassen. Unter Hinzunahme des Schematismusbegriffes führt dies hin zu den berühmten ‚Grundsätzen des reinen Verstandes', die nicht schon als Grundsätze einer konkreten Physik mißverstanden werden dürfen.

2. zeigt Kant, daß es die transzendentalen Einheitsbedingungen sind, die der Physik den ‚Charakter der Notwendig-

---

[8] Vgl. I. Kant, Prolegomena (1783), § 18 f.

[9] I. Kant, Kritik der Urteilskraft, Originalausgabe (1790), S. 309.

keit' verschaffen. Damit wird nicht die Notwendigkeit der Grundgesetze selbst behauptet, wohl aber ergibt sich, daß wissenschaftlich vorgehende Physiker bis auf äquivalente Theorien Einigkeit müssen erzielen können (für die weitergehende These *C. F. v. Weizsäckers* vgl. Anm. 20 in F. II. 3. und die dort gegebenen Hinweise).

3. beruht nach Kant die ‚Verstehbarkeit' einer konkreten Physik in der Möglichkeit der Verwendung einer konstruktiv begründeten Mathematik. Eine Vorandeutung für das in F. II. näher Ausgeführte muß an dieser Stelle genügen. In einer ‚Metaphysik der körperlichen Natur', die von einer besonderen Naturlehre, sofern sie Wissenschaft sein soll, vorausgesetzt wird, wird freilich der ‚empirische Begriff' der Materie einer begrifflich apriorischen Bestimmung unter dem Schema der Tafel der Kategorien unterzogen, die im Interesse der Vollständigkeit getrennt vorzunehmen ist. Dies heißt jedoch nicht, daß die ‚metaphysische Konstruktion' die mathematische Konstruktion bezuglos beiseite läßt. Vielmehr ist es gerade der Sinn der ‚metaphysischen Konstruktion', mit der Begriffsanalyse zugleich die Möglichkeit des Gebrauchs der Mathematik — und d. h. nichts anderes als die Möglichkeit eines wissenschaftlichen ‚Verständnisses' — zu erweisen. Für den allgemeinen Satz der ‚Beharrung der Substanz' gibt Kant den in der Newtonschen Physik empirisch verankerten konkreten Fall an, indem er in den ‚Metaphysischen Anfangsgründen' den Materiebegriff in der genannten Weise analysiert. Diese ‚metaphysische Konstruktion' macht den Wissenschaftscharakter der Physik (als ‚eigentliche', nämlich mathematische Wissenschaft) einsichtig, sie zeigt, inwiefern in dieser Wissenschaft volle ‚Verständlichkeit' ermöglicht ist. Eine besondere Pointe liegt darin, daß räumliche Anschauung erforderlich ist, um die am Beispiel zu orientierende Anwendung der Kategorien zu verstehen.

Durch die konstruktiv-mathematische Verständlichkeit also, nämlich durch eine unmittelbare Verständlichkeit der

Mathematik und die vermittelte Verständlichkeit der Physik, findet die ‚Machbarkeit' einen abgesicherten Ausdruck. Heidegger seinerseits charakterisiert den Entwurf der objektiven Erkenntnis durch das in dieser sich ankündigende ‚herausfordernde Stellen'. Die Faszination und der Sog dieser Erkenntnisart ist durch das Machen-können und Stellen bedingt. So gesehen spricht es für Kant, daß er unter dem Eindruck dessen stand, was sich anbahnte: Der mehr und mehr um sich greifende Einfluß des ‚herausfordernden Stellens'. Vielleicht ist es dank Heideggers eigener Arbeiten heute erlaubt, sich weniger als Heidegger selbst darüber zu wundern, daß Kant ein stark ausgeprägtes Interesse an der Mathematik und der Physik und deren Vorgehensweise besaß, die den ‚sicheren Gang einer Wissenschaft' ermöglichte.

Die bisher genannten Hauptgesichtspunkte für die Überlegungen der vorliegenden Aufzeichnung waren:

Der Entwurf der objektiven Erkenntnis, das Problem des Gegenstandes und des Gegenstandsbezuges sowie (unmittelbar verbunden mit beidem): das Fundierungsproblem. Als weiterer Gesichtspunkt, der eine der bedeutendsten Einsichten Heideggers nach SuZ betrifft, kam jetzt der vertiefte Blick für das ermöglichte Machen-können und Stellen hinzu.

Zu fragen ist, was ermächtigt uns zu einem ‚Tun', das im Prinzip und in Analogie selbst zu ‚machen', was wir in diesem Sinne ‚verstanden' haben? Warum ist Kant, wie immer deutlicher wird, voll im Recht, wenn er sagt, es werde ‚Naturlehre nur soviel eigentliche Wissenschaft enthalten, als Mathematik in ihr angewandt werden kann'.[10] Hier wird sich zeigen: Die Art des ‚Verstehens' (ein Verstehen im Sinne eines konstruktiven ‚mathematischen' Vorgehens) erweist in Logik, Mathematik und Physik und weiteren ‚Wissenschaften' einen gemeinsamen Grundzug. Sich über die Weise des konstrukti-

---

[10] I. Kant, Metaphysische Anfangsgründe der Naturwissenschaft (Vorrede), Akademie-Ausg., Bd. IV, S. 470.

ven Verstehens Rechenschaft ablegen, heißt durch Besinnung auf das hier zugrunde liegende Vorgehen Einsicht darüber zu gewinnen, welcher Art der Besitz ist, worauf er beruht und was aus dem Blick gerät durch ein nicht mehr fragendes Sich-Ausliefern. Das Verführerische ist das bis auf einfache Schritte rückführbare Selbst-machen-können, das auch in hohe Komplikation gesteigert mit diesem Können ein Beherrschen-können (primär von Analogem) ermöglicht. Das ‚Machen-können' führt zum ‚herausfordernden Stellen'.

Das ‚herausfordernde Stellen' an seinem legitimen Ort zu behandeln, heißt gerade nicht, es schlechthin abzuwerten. Es heißt aber sehr wohl, ihm gegenüber andere, wesentliche Fragen wachzuhalten, die abzuschneiden es mehr und mehr sich anschickt. Was ist die Sicherheit der Wissenschaft — gesteigert zur Herrschaft über Seiendes — ihrem Sinne nach selbst? Verfügt gar dieses Verfügen-können über sich selbst? Die ‚Beherrschung der Natur' ist nach Heidegger heute mit einem ‚Machen' verbunden, das von einem Hervorbringen (im Sinne der griechischen *ποίησις*) unterschieden werden muß. Insofern das ‚Machen' und Beherrschen seinen eigenen Boden nicht kennt und — eng damit verbunden — sein Maß überschreitet, ist es im Fortgang seines Vollzuges gerade nicht sein eigener Herr. Hier erwächst die Gefahr, daß ‚Machbarkeit' zum fundamentalen Grundzug der Natur erhoben wird und die Naturerkenntnis das Gewährende ihres Entwurfes von vornherein verkennt.

Gesteigert wird die Gefahr durch einen vielfältig wirksam werdenden Schein, der heute die Oberhand zu gewinnen droht. Der Mensch der Neuzeit bemerkt in erhöhtem Maße die durchgreifenden Möglichkeiten seiner eigenen Erkenntnisleistung. Er findet diese in der Natur wieder und deutet sie vornehmlich im Sinne einer subjektiven oder intersubjektiven ‚Konstitution'. Die Frage nach der Ermöglichung bleibt jedoch dualistisch verwirrt, solange nicht der Mensch selbst zurückgenommen wird in jenes Wahrheitsgeschehen, in das er einbezogen, dem er überantwortet ist.

Der von Heidegger aufgewiesene Weg mutet manchen auf den ersten Blick ‚irrational' an. Er steht jedoch außerhalb der Unterscheidung ‚rational' und ‚irrational'. Die ‚Sache des Denkens' läßt sich nicht auf Fundamenten der Rationalität (auch keiner transzendentalphilosophisch begründeten) errichten. Die strengsten Fassungen dessen, was in den Wissenschaften ein Beweis sein kann, und wie weit dieser je nach Art seines die Strenge verbürgenden ‚Beweisbegriffes' reichen kann, sieht der Verfasser in einem konstruktiv begründeten mathematischen Konzept. Angesichts eines nach wie vor gängigen Verdachtes, Heideggers Fragestellung sei schlechthin unvereinbar mit Wissenschaft und Strenge, sind die Partien der vorliegenden Untersuchung, die sich mit konstruktiven Beweisverfahren auseinandersetzen, vergleichsweise eingehend abgefaßt. Dabei geht es nicht allein um die Beweisverfahren als solche, sondern auch um die Weise, in der sich das ‚strenge' Denken der Wissenschaft auf Seiendes bezieht. Diese Frage hat ihren spezifischen Ort innerhalb der allgemeineren Frage nach dem Ermöglichenden der Weisen des Denkens. Es wird sich zeigen, daß sich die ‚Sache des Denkens' nicht abstützen läßt durch vorgängige Begründungen von Beweismöglichkeiten.

Die Generalisierung spezifischer Denk- und Beweismethoden zum ausschließlichen Maßstab der Wahrheit geht Hand in Hand damit, daß die Seinsfrage nicht im Blick ist. Gefährdet ist damit nicht allein das Verhältnis zur Wahrheit. Der späte Heidegger hat die Fragestellung vertieft. Zur ‚Seinsvergessenheit' gehört unmittelbar die ‚Verwahrlosung des Seienden'. Gefährdet ist somit auch: Die ‚Bergung' des Wahrheitsgeschehens — der erstrittenen Offenheit — im offenbar werdenden Seienden. Angesprochen ist damit die Frage nach dem eigentlichen Dingsein des Dinges gegenüber allen Dingbegriffen der neuzeitlichen, ja abendländischen Philosophie, die dem Ding mehr oder weniger Gewalt antun.

Zur Frage nach dem Ermöglichenden der Weisen der Wahrheit gehört gleichermaßen die Frage nach dem Ermöglichenden des Wesens des Menschen selbst. Denn was besagt es, daß der heutige Mensch die ihm gewährte Lichtung nicht zu beachten vermag, daß er sich nicht als der in ein Verhältnis zur Wahrheit Eingewiesene erfährt und zugleich sieht, woher selbst Freiheit und Verantwortung ihm allererst ermöglicht ist? Wird Freiheit von jenem Geschehen her als ‚gewährt' gedacht, dem auch der Mensch seine Wesensherkunft verdankt, dann wird die Freiheit des Menschen damit nicht aufgehoben, sondern allererst verstehbar. Im Jahre 1929, also kurz nach dem Erscheinen von SuZ, geht Heidegger in Davos auf die im Anschluß an Kant formulierbare These ein, Freiheit sei kein Gegenstand des theoretischen Erfassens. Freiheit, sagt Heidegger, sei nur und könne nur sein in der Befreiung des Menschen. „Der einzig adäquate Bezug zur Freiheit im Menschen ist das Sich-befreien der Freiheit im Menschen".[11] Hier bleibe aber nicht etwa ‚ein Problem des Irrationalen' (ebd.). Und dies gilt es hervorzuheben: Das Abschieben der wesentlichen philosophischen Besinnung in das Irrationale gehört zur verhängnisvollen Art der Fehleinschätzung. Daß Heidegger einen Weg gegangen ist ‚außerhalb der Unterscheidung von rational und irrational', wird die Abschlußbemerkungen der vorliegenden Überlegungen leiten.

[11] Davoser Disputation zwischen Ernst Cassirer und Martin Heidegger, in: Kant und das Problem der Metaphysik, 4. Aufl. Frankfurt a. M. 1973, S. 257.

C. Das rätselhafte ‚Gegenüber' des Gegenstandes

I. Der ‚Gegenstand' der naturwissenschaftlichen Erkenntnis

Wird ein Naturwissenschaftler aufgefordert, zu sagen , was der ‚Gegenstand' sei, auf den sich seine Theorie bezieht, so wird er in der Regel — sofern er nicht zu detaillierter Formulierung aufgefordert wird — antworten: Die Naturwissenschaft beschreibt die Natur (die Gesetze der Natur), und sie leistet diese Beschreibung je nach ‚Güte' (Bewährtheit) der Theorie besser oder schlechter.

Daß es dem Naturwissenschaftler darum geht, ‚*die*' Natur zu erkennen und in der Erkenntnis zu beschreiben, schlägt sich spürbar darin nieder, daß es für ihn unbefriedigend ist, wenn in der Naturwissenschaft ein Streit um die ‚wahre' Theorie entsteht. Ein noch unbestimmter Begriff von der ‚einen' Natur steht vor Augen, die sowohl Bezugspunkt der Erkenntnis ist, als auch — wo es um Erkenntnis geht — dazu nötigt, einvernehmlich ihre einheitliche Gesetzlichkeit zu erforschen. Denn nur ‚eine' Theorie von der Natur könne bis auf Gleichwertigkeit die ‚wahre' sein, dies jedenfalls, sofern Erkenntnis von der Natur möglich ist. Wird dies ins Auge gefaßt, so sind jetzt die in der Vorrede und in der Einleitung diesbezüglich gemachten Bemerkungen weiter zu vertiefen.

Schon der ‚Gegenstand' als ‚Referenzobjekt' ist ein Thema voller Fallstricke. Kant schreibt in der ‚Kritik der reinen Vernunft': „Es ist aber klar, daß, da wir es nur mit dem Mannigfaltigen unserer Vorstellungen zu tun haben, und jenes X, was ihnen korrespondiert (der Gegenstand), weil er etwas von allen unseren Vorstellungen Unterschiedenes sein soll, für uns nichts ist, die Einheit, welche der Gegenstand notwendig macht, nichts anderes sein könne, als die formale

Einheit des Bewußtseins des Mannigfaltigen der Vorstellungen."[1] Kant weist hier in einem Satz zugleich auf zweierlei hin. Erstens ist schon das ‚Haben' des Gegenstandes ein großes Problem. Zweitens ist auch die Einheit, die der Gegenstand notwendig macht, wenn wir uns mit Erkenntnisabsicht auf ihn beziehen, keineswegs ohne Mühe in ihren Grundzügen zu bestimmen. Der Gegenstand, auf den wir uns beziehen, ist einerseits ein bloßes X, insofern er ein von allen unseren Vorstellungen und auch von der herzustellenden Einheit der Vorstellungen Unterschiedenes (und so gesehen für uns ‚nichts') ist. Andererseits macht der Bezug auf den Gegenstand die Einheit gerade notwendig. Daß der Bezug auf den Gegenstand die Einheit notwendig macht, liegt daran, daß der Gegenstandsbegriff im Erkenntnisentwurf eine vorgängige Rolle spielt. Kant nutzt hier u.a. aus, daß die Identifizierung von Merkmalen an Verschiedenem eine Synthesis voraussetzt und daß die Synthesis des Verstandes auf reine Anschauung beziehbar sein muß. Kant konnte jedoch weder (nämlich um die Verstandeseinheit auseinanderzulegen) auf eine Orientierung an der Urteilstafel voll verzichten (trotz partieller Korrekturen), noch hat er — worauf in der Einleitung schon hingewiesen wurde — die Frage der vorgängigen Einigung von Verstand und Sinnlichkeit in der von Heidegger geforderten Weise tief genug angesetzt. Die große Fruchtbarkeit des Kantischen Ansatzes gebietet es ohne Frage, Kant deshalb nicht zu tadeln, wohl aber diese Punkte bei erneutem Nachdenken über das Problem im Auge zu haben.

Bevor ein Anschluß an die Fundierungsproblematik bei Heidegger vorbereitet wird, sei die besondere Anziehungskraft erwähnt, die Kants Formulierungen vom Gegenstand als dem X der Erkenntnis auf die Neukantianer ausgeübt hat. Artur Buchenau spricht im Namen zahlreicher Neukantianer, wenn er folgendes ausführt. Nehmen wir an, wir seien auf

[1] I. Kant, Kritik der reinen Vernunft, A 105.

eine völlig neue Wirklichkeit verwiesen, wie der „Forscher zu Beginn seiner Untersuchungen" über die x -Strahlen (Röntgenstrahlen). Es sind dann diese — cum grano salis — etwas, „das erst durch die Einordnung in die bekannten Strahlensysteme und die Feststellung der Eigenschaften der x-Strahlen ein Bekanntes oder Erkanntes wird."[2] Dies ist streng von der Erkenntnis her gesprochen, die wir nicht haben, sondern erst erwerben wollen. Buchenau unterschlägt daher bei seiner Erläuterung auch nicht, daß auf jeder Stufe der Erkenntnis „schon irgendwie bereits Erkanntes vorliegt" (ebd.), das uns in diesem Sinne gegeben ist.

Ist damit hinreichend geklärt, ‚worüber' auf jedem Stand der Forschung gesprochen wird, wenn von dem zu erkennenden Gegenstand die Rede ist? Ist damit schon aufgehellt, was es heißt, daß wir auch bei einer für korrekturbedürftig oder falsch gehaltenen Theorie müssen sagen können, wovon sie spricht, soll die Behauptung ‚korrekturbedürftig' oder ‚falsch' nicht völlig in der Luft hängen? Zugegeben, von einem Erkenntnisgegenstand wissen wir vom Standpunkt der erst zu erlangenden Erkenntnis aus gesehen zunächst nichts und nennen ihn überdies ein der Erkenntnis Korrespondierendes. Wir beziehen uns auf ihn als sog. ‚Referenzobjekt'. Aber müssen wir ihn nicht auch dann schon irgendwie ‚haben'? Muß nicht ein intendiertes Seiendes, als dasjenige, das als etwas ausgesagt wird, schon als ‚Seiendes selbst' begegnen, auch wenn wir es nicht in einer Erkenntnis korrekt ‚als etwas' beschreiben können? Selbst wenn wir uns vorstellen (eine Vorstellung, die sich uns später als sehr verfänglich erweisen wird), wir könnten gleichsam auf jenes ‚etwas', das wir intendieren, zeigen, selbst dann dürfte es schwerfallen, zu unterstellen, es werde auf etwas gezeigt, das zu einem ‚Punkt' zusammenschrumpft.

---

[2] A. Buchenau, Immanuel Kant. Zur Geschichtsphilosophie. Berlin 1947, S. 121.

Denn spricht man so, dann wird abgesehen von der irreführenden Anschauung eines ‚Hinausweisens' gerade dasjenige übersehen, das uns berechtigt, vom ‚Seienden selbst' (speziell auch vom ‚Gegenstand selbst') zu sprechen. Wird dies hervorgehoben, dann ist dabei *an das Fundierungsproblem gedacht, an jene zentrale Frage also, die im folgenden im Sinne Heideggers von verschiedenen Seiten beleuchtet und näher gebracht werden soll.*

Sowohl für das rechte Verständnis des Bezuges der objektiven Erkenntnis (als fundiert im schon offenen Bereich des Seins) als auch für das rechte Verständnis dessen, was im Entwurf der objektiven Erkenntnis über die Gegenstände vorkonzipiert ist, gibt uns Heideggers Denken die entscheidende Hilfe. Eine Wendung Heideggers, die sich erst im Laufe der weiteren Betrachtungen für unseren Zusammenhang erschließen wird, sei den nun folgenden Überlegungen vorangestellt: Gesetztheit, Gegenständigkeit erweist sich als Abwandlung von Anwesenheit. Die Frage nach dem Gewährenden fragt ursprünglich nach dem Anwesenheit Gewährenden (der ‚Lichtung') und zugleich damit nach dem Anwesenlassen (Freigeben ins Offene) des Anwesenden. In der theoretischen Philosophie Kants geht es (nicht dem Wortlaut nach, aber inhaltlich) ausschließlich um das Anwesende als Vorgestelltes und hier insbesondere um das Vorgestellte als Gegenstand. Das Seiende unterliegt in der Erkenntnis einer der letzteren entsprechenden Modifikation: Es handelt sich um Seiendes als Gesetztes, Entgegenstehendes.[3]

Zur Kantischen These, daß die Einheit des Gegenstandes die ‚Einheit des Bewußtseins' sei, bedarf es ebenfalls noch eines kurzen Vorhinweises. Spricht Kant hier von ‚subjektiven Bedingungen' der Erkenntnis? Kant bedient sich in der Tat dieser überkommenen Terminologie. Doch wäre es verhängnisvoll, wollte man in subjektiven Bedingungen der

---

[3] M. Heidegger, Kants These über das Sein, in: Wegmarken, GA 9, S. 478.

Erkenntnis eine Überlagerung der sog. ‚Ding-an-sich-Welt' sehen. Kant hat dies nicht gemeint. Doch ist dieser Verdacht ein immer wieder auftretender, sodaß seine nähere Behandlung einem besonderen Abschnitt vorbehalten bleiben muß.

II. Heideggers Vorbehalte gegen Bewußtseinstheorien

Frühzeitig wuchs in Heidegger eine spürbare Skepsis gegen jede noch so scharfsinnig sich wähnende philosophische Theorie, die darzutun beabsichtigt, daß alles Seiende, sofern es ins ‚Bewußtsein' des Menschen trete, eine unvermeidliche Veränderung erfahre. Theorien dieser Art behaupten, es sei nötig, zweierlei zu unterscheiden und philosophisch zu überbrücken: Das unverfälschte Seiende außerhalb des Bewußtseins und das bewußtseinsbehaftete Seiende. Heideggers Skepsis läßt sich deutlich schon für die Zeit nachweisen, in der die Gedanken zu SuZ reiften, — sie reicht aber (verstärkt durch inzwischen geleistete Arbeit und gewonnene Einsicht) unvermindert über SuZ hinaus bis ins Spätwerk.

Heideggers Vorbehalte verdienen größte Beachtung. Durch die Konstitutionsproblematik im Kantianismus und bei Husserl waren sie nicht zu erschüttern, sondern im Gegenteil nur zu bestärken. Denn Heidegger fragt: Wie steht es mit der Seinsart des Konstituierenden? Gilt es nicht vor allem zu bedenken, was es besagt, daß Seiendes ‚offenbar' ist und der Mensch in diese Offenbarkeit ‚hinaussteht'? Bringen subjektivistische Theorien (im weitesten Sinne) diese Frage nicht von vornherein auf ein schiefes Geleis, von dem sie nicht mehr herunterkommen, sobald Seiendes in eine dem Subjekt eigene ‚Sphäre' hineingezogen werden soll? Hier liegt letztlich ein entscheidender Motor für die ‚Seinsfrage' bei Heidegger, für die Frage nach dem, in dessen Offenheit dem Menschen ein Aufenthalt gewährt ist.

Sicherlich hat sich Heideggers Denken im Laufe der Zeit vertieft. Dennoch: Der Motor der Seinsfrage ist nur ‚einer', auch wenn Heidegger zweifellos immer mehr zu sich selbst und das heißt zum legitimen Ort seiner Grundfrage vordrang. Wird nun im folgenden z. B. vom ‚Wahrnehmen' als ‚freigebendem Begegnenlassen' und vom ‚Herstellen' als ‚her' stellen ‚in den Umkreis des Zugänglichen' gesprochen, dann sollte dabei zugleich derjenige Gesichtspunkt vor Augen sein, der in der Anmerkung 4 der Einführung angesprochen war, und auf den die Schlußbetrachtung (H. III.) noch einmal wieder zurückkommen wird. In § 12 von SuZ lag beim Seinbei (bei der Welt und dem weltzugehörigen Seienden) das Gewicht zunächst auf dem existenzialen Charakter des „besorgenden Wohnens in der Welt und des Sichaufhaltens bei der Welt" (Welt hier im Sinn von Umwelt). Dort aber, wo zugleich der entdeckende Grundzug des besorgenden Seinbei gesichtet wird, dort wird „erstmals phänomenologisch-ontologisch verstanden, daß das, worauf das Seiende freigegeben wird, ... für dieses Freigeben und für das Entdecken im vorhinein erschlossen sein muß." Hier ist eine vorgängige Erschlossenheit von Welt (vgl. § 18 von SuZ) schon vorauszusetzen.[4] Verständlich also, daß sich für Heidegger die Frage nach der Ermöglichung des ‚freigebenden Sein-bei' als unmittelbar zur Seinsfrage gehörige Frage bis in das Spätwerk hinein durchhält.

III. Subjektsphäre und ‚Hinterwelt' — eine Vorstellung, die immer noch Verwirrung stiftet

Die Bedeutung der Skepsis Heideggers wird besonders krass vor Augen geführt, wenn der Blick auf einige Vorstellungen der neuzeitlichen Philosophie zum Gegenstandsbezug

[4] F.-W. v. Herrmann, Subjekt und Dasein. 2. Aufl., S. 209 f.

fällt. Es sind dies Vorstellungen, die einer Klärung der Weise der Wahrheit der objektiven Erkenntnis nicht nur nicht dienlich, sondern vielmehr äußerst abträglich sind. So wird insbesondere der Zweifel genährt, es könnten subjektive, ‚aktive Leistungen' des Erkennenden die Erkenntnis unvermeidlich so durchziehen, daß letztere prinzipiell dem ‚An-sich-Seienden' nicht entspricht.

Dieser Zweifel entspringt der schon kritisierten Annahme, der Mensch sei zunächst in einer ‚Subjektsphäre' gleichsam eingekapselt und müsse nun versuchen, zum Seienden hinauszugelangen. Die Beziehung des Erkennenden zum Seienden wäre so gesehen mit dem Makel behaftet, nicht wahrhaft zum Objekt kommen zu können, weil der Erkennende durch Erkenntnisbedingungen prinzipiell von den ‚Dingen an sich' getrennt sei. Die Beziehung zum Objekt stünde mit einem Fuße in der Subjektsphäre, mit dem anderen bei den Dingen, dies jedoch so, daß das eine nicht unbeeinträchtigt zum anderen gelangen könnte. Bereitwillig greift man zu neuen Ad-hoc-Annahmen, um der ‚Verfälschung', die die Bedingungen der Erkenntnis mit sich brächten, nicht ausgesetzt zu sein. Man gibt sich mit Vorliebe der Illusion hin, weitgehend gesicherte Erkenntnisse einer Spezialwissenschaft (wie z. B. diejenigen der Evolutionstheorie) wären in der Lage, sich gleichsam selbst am Schopfe hochzuziehen. Man ist der Überzeugung, die Spezialwissenschaft könnte die Möglichkeit der Erkenntnis (und damit zwangsläufig auch ihrer eigenen) durch ihre Erkenntnisse mitbegründen. Obwohl Perioden der Widerlegungsbemühungen zu Physikalismus, Psychologismus u.ä. hinter uns liegen, ist die diesbezügliche Versuchung offensichtlich so groß, daß stets erneut ähnliche — letztlich an ihrem philosophischen Ungenügen scheiternde — Versuche unternommen werden.

Es ist nicht zu übersehen, daß der Begriff der subjektiven ‚Erkenntnisleistung' bei den genannten Schwierigkeiten eine besondere Rolle spielt. Die These von einer ‚subjektiven

Leistung' macht dasjenige, hinter das wir nicht vorzudringen vermöchten, zu unserem eigenen Produkt, ohne doch verhindern zu können, daß gerade die ‚Hinterwelt' (die uns durch Überlagerung entzogen wäre) unser eigentliches Interesse verdiente. Was die Kantische Philosophie betrifft, so entnimmt man bei gründlicher Einlassung dem Kantischen Tenor, daß Ungereimtheiten im Sinne einer ‚Hinterwelt' Kant nicht verunsicherten. Man bemerkt, daß Kant selbst keineswegs der Meinung war, zu den genannten Ad-hoc-Annahmen greifen zu müssen. Und in der Tat ist die Kantische Philosophie geeignet, sich mit ihrer Hilfe auf die hier vorliegende Problematik in differenzierterer Weise einzulassen. *Für Kant sind die sog. ‚Dinge an sich' von vornherein herausgenommen gedacht aus dem Erkenntnisbezug als Erfahrungsbezug (auf den auch mögliche Erfahrung verweist).* Für Kant hat das ‚Ding an sich' Bedeutung allein als ‚Gedankending' sowie innerhalb seiner ‚praktischen Philosophie'. Trotzdem gelingt es auch mit Blick auf Kant (nämlich auf der Grundlage des neuzeitlichen Subjektbegriffes) in letzter Instanz nicht, sich verständlich zu machen, wieso die ‚subjektiven' Bedingungen der Erkenntnis ‚objektive' Bedingungen der Gegenstände der Erkenntnis sein können. Die wenig anziehende Vorstellung der ‚Überlagerung' erhält sogar noch eine scheinbare Stütze durch folgende Beobachtung: Wir bemerken, daß wir in der von uns beschriebenen Natur unsere eigenen Erkenntnisleistungen gleichsam wiederfinden. Zugegeben: Hierin liegt ein wichtiger Hinweis, allerdings kein Hinweis auf eine ‚Hinterwelt'. Vielmehr gibt die ‚Beobachtung' Veranlassung, sich verstärkt darauf zu besinnen, wie es mit jenen ‚aktiven Leistungen' bestellt ist. Hier läßt sich kaum hoch genug veranschlagen, welche Bedeutung der Heideggerschen Analyse der ‚Auslegung' (speziell der Aussage) für die Frage nach der Möglichkeit unseres Seins bei ‚Seiendem selbst' zukommt. Nicht zuletzt sei in diesem Zusammenhang darauf hingewiesen, daß die Besinnung auf die Zusammengehörigkeit von Freiheit und Leistung allererst dann gefördert werden kann, wenn diese Problematik zurückgenommen wird in die Frage nach der Wesensbestimmung des Menschen und damit in das ‚Gründende'.

Wie also steht es mit dem ‚Gegenüber des Gegenstandes'? Die relative Berechtigung dieser Vorstellung und die Verwirrung, die sie bei Nichtbeachtung ihres Fundamentes hervorruft, macht eine weitere Besinnung auf die Grundlagen erforderlich. Zunächst ist hierfür eine Aufhellung des Zusammenhanges von Intentionalität und Wahrheitsbezug ratsam. Der nächste Abschnitt wird sich dieser Thematik zuwenden.

D. Intentionalität und Wahrheit

I. Der Bezug auf ‚Seiendes selbst' und die Möglichkeit der Täuschung

In seiner Aristotelesinterpretation gibt Heidegger außerordentlich aufschlußreiche Hinweise zur Auslegung von ‚etwas als etwas'.[1] Es geht hier unmittelbar um die ‚Strukturbedingungen der Falschheit' und um das — Falschheit ausschließende — Erfassen des ‚einfachen Seienden', genauer: um eine diesbezügliche Erläuterung des berühmten Kapitels 10 des 9. Buches der Aristotelischen Metaphysik. Darüber hinaus aber sind die hier gegebenen Erläuterungen und Beispiele wichtige Orientierungspunkte für ein Verständnis des Heideggerschen Denkens.

Von vornherein kann sich mir etwas nur zeigen, indem ich es aus der Hinblicknahme auf etwas begegnen lasse. Darin liegt auch die Möglichkeit der Täuschung, aber die Täuschung macht keineswegs das, was ich schon habe und von etwas her bestimme, zur bloßen Vorstellung. Dem Heideggertext kann folgendes Beispiel entnommen werden. Im Walde stehend begegnet mir ‚immer schon Verstandenes', das ‚vor-ausgelegt' ist ‚als etwas'. Als erstes ist herauszustellen: ‚vorgängiges Meinen und Haben' von etwas. Dieses lasse ich mit Hinblicknahme auf etwas, darin es sich selbst zeigt, begegnen (sagen wir mit Hinblicknahme auf: Reh). Ich könnte mich, wie sich später eventuell herausstellt, täuschen. Es könnte ein Strauch und kein Reh sein. Dann wäre es ein Seiendes, über das ich mich täusche. Gleichwohl ist es ‚Seiendes selbst', das sich zeigt, indem ich es von etwas her begeg-

---

[1] M. Heidegger, Logik. Die Frage nach der Wahrheit. GA 21, S. 182 ff.

nen lasse. Keineswegs ist es in der Täuschung (oder durch sie) eine bloße Vorstellung. Heidegger formuliert bei einem anderen Beispiel einer Wahrnehmungstäuschung, bei der ich einen Baum für einen Menschen halte, ausdrücklich: „In dieser Wahrnehmungstäuschung, ist mir der Mensch selbst gegeben", „ nicht etwa eine Vorstellung des Menschen."[2] Das, was ich wahrnehme, fasse ich vielmehr als ein Vorhandenes auf. Würde erwidert: „Aber ein Mensch ist es doch gar nicht", dann ist zu antworten: „Sicher, insofern ich mich darin täusche, daß es ein Mensch ist". Aber auch hier besagt ‚bestimmen': etwas so oder so (d. h. von etwas her) als ‚Seiendes selbst' bestimmen. Dadurch, daß ich es zu Unrecht so bestimme, wie ich es bestimme, wird das Vorhandene nicht zur Vorstellung. Auch rückt das ‚etwas',das ich ‚schon habe', nicht von mir ab. Als Begegnendes zeigt sich nur das, was ich ‚habe' — im erstgenannten Beispiel — ‚vorausgelegt' als Reh.

Was nun das ‚einfache' Seiende im Sinne des Aristoteles betrifft, so kann dieses nur „rein an ihm selbst genommen werden." Das ‚entdeckende Haben' ist hier schon das ‚Haben des Seienden selbst'. Der Ansatz des ‚Bestimmens von etwas her' ist von vornherein nichtig, insofern das Seiende „eines jeglichen Beisammens mit etwas unbedürftig" ist. Wir können dies am besten „aus dem Felde der sinnlichen Wahrnehmung, wo Aristoteles das Analoge kennt", exemplifizieren. Beim schlichten Sehen einer Farbe wird das Seiende durch Beziehungen mit anderem gerade nie „rein an ihm selbst genommen", wird in seinem Sein so gerade nie erfaßt.

Insgesamt sind in der angeführten Aristotelesinterpretation wichtige Gedanken Heideggers aus SuZ bereits formuliert. „Die reine Entdecktheit besagt nichts anderes als unverlegte und unverlegbare Gegenwart des Anwesenden."[3] Auch in einer Täuschung ist das Tragende das ‚durchhaltende

---

[2] M. Heidegger, Die Grundprobleme der Phänomenologie. GA 24, S. 89.

[3] M. Heidegger, Logik, S.193.

Begegnenlassen', das ‚schlichte Gegenwärtigen von etwas in seiner unmittelbaren Anwesenheit'.[4] Ich „ lebe ständig" in der Gegenwärtigung des Gegenwärtigen. „Dies gibt die Möglichkeit, daß überhaupt etwas begegnen kann" (ebd.). Hier wird deutlich, in welche Richtung uns Heideggers Denken weiterführt. „Sein verstehen als Anwesenheit aus der Gegenwart heißt Sein verstehen aus der Zeit."[5]

Am Vorhandenen, das wir alltäglich wahrnehmen und beschreiben, über das wir auch vorwissenschaftliche und wissenschaftliche Aussagen machen, können wir zweierlei unterscheiden. „Was wir an diesem Vorhandenen vorfinden, sind einmal Bestimmungen, die ihm als Gebrauchsding, wie wir sagen als Zeug ‚zugehören, ferner auch Bestimmungen wie Härte, Schwere, Ausgedehntheit, die dem Ding „als purem materiellen Ding eignen."[6] Den umsichtig-auslegenden Umgang mit Seiendem nennt Heidegger das ‚Zutunhaben mit Zuhandenem'. Eine aufzeigende Aussage über etwas spricht dagegen über ‚Vorhandenes'. Entsprechend dieser Unterscheidung handelt es sich bei der Struktur der ‚umsichtigen' Auslegung um das ‚hermeneutische Als', bei der Struktur der ‚aufzeigenden' Aussage um das ‚apophantische Als'. Von ‚Vorhandenem' konnte oben in einem weiten Sinn gesprochen werden. Dort jedoch, wo es unmittelbar um die Fundierungsverhältnisse geht und dabei ausdrücklich nach der Ermöglichung des Entdeckens zurückgefragt wird, ist eine den Fundierungsverhältnissen entsprechende Differenzierung erforderlich.

---

[4] Ebd., S. 192.

[5] Ebd., S. 193.

[6] M. Heidegger, Die Grundprobleme der Phänomenologie, S. 96.

II. Die Intentionalität (Wahrnehmung und Herstellung)

In ‚Grundprobleme der Phänomenologie' untersucht Heidegger die Intentionalität zunächst am Beispiel der Wahrnehmung. Er schreibt: Es liegt „ im intentionalen Richtungssinn des Wahrnehmens, das Wahrgenommene als an sich selbst Vorhandenes zu meinen."[7] Mehr noch, ‚Seiendes selbst' wird entdeckt ‚und es liegt im Sinne der wahrnehmenden Erfassung, „ das Wahrgenommene so zu entdecken, daß es sich an sich selbst zeigt."[8] Die Wahrnehmung gibt ‚entdeckend' das Vorhandene frei ‚damit es sich an sich selbst zeigen kann. Jedes ‚natürliche Sich-umsehen' hat diesen Sinn.

Zwar geht es nicht — wie man Heidegger bisweilen unterstellt — um einen Streit über Begriffe. Man mag ja, wenn man will, sagen: Das Wahrnehmen als intentionales transzendiere das Subjektive. Aber, was gewinnt man durch die Vorstellung des Hinausweisens und Hinausreichens aus einer ‚Subjektsphäre' ? Gerade nur dies, daß man sich das Verständnis der Intentionalität durch Sphären-Bilder verbaut. Denn die Wahrnehmung beeinträchtigt nicht das Begegnen des Seienden. Käme nämlich Seiendes in der Wahrnehmung dann doch in eine ‚Subjektsphäre' hinein, wie könnte es sich hier zeigen, ohne sein ‚An-sich- sein' zu verlieren ? Jedoch erleidet das Vorhandene „nicht dadurch, daß ich es wahrnehme, irgendeine Veränderung."[9] Wahrnehmen, schreibt Heidegger, ist „freigebendes Begegnenlassen."[10] Wahrgenommenheit ist als Freigabe eines Seienden im Wahrnehmen ein „Modus der Entdecktheit überhaupt."[11]

Wahrgenommenheit ist jedoch nicht die „Bestimmung des An-sich-seins des Seienden", sondern „ein Erfassungs-

---

[7] Ebd., S. 95.

[8] Ebd., S. 97.

[9] Ebd., S. 96.

[10] Ebd., S. 98.

[11] Ebd., S. 99.

charakter des Seienden."[12] Betrachten wir dagegen die ‚intentionale Struktur des herstellenden Verhaltens' (ebd.), so verweist sie uns darauf, daß alles Vorfindliche in einem ursprünglichen Sinne des Wortes ‚her'- gestellt sein muß, nämlich ‚her in den Umkreis des Zugänglichen', ‚her in den Umkreis des Daseins'.[13] Kant spricht im Zusammenhang mit dem ‚Postulat der Wirklichkeit' davon, daß Wahrnehmung dorthin reiche, wohin auch unsere Erkenntnis vom Dasein (im Kantischen Sinne) reiche. Heidegger sieht darin die Zwangslage, beim sachgerechten Handeln über Wahrnehmung von ihrem intentionalen Charakter Gebrauch machen zu müssen. Er schließt an diese Feststellung sorgfältigste Untersuchungen über den Gebrauch der Worte ‚Wahrnehmung' und ‚Wirklichkeit' an und zeigt schließlich: Gerade in der intentionalen Struktur des Herstellens liegt ein ‚eigentümlicher Entlassungs- und Freigabecharakter', ein eigentümlicher Bezug von ‚Wirklichkeit' und ‚Dasein'. Wenn Heidegger sich, wie das Umfeld der zitierten Stellen zeigt, derart eingehend auf mittelalterliche und neuzeitliche Denker besinnt und dabei zugleich auf die klassische griechische Zeit zurückblickt, dann sagt diese Besinnung stets auch etwas über sein eigenes Denken aus. Das ‚Hergestellte als das Freigelassene'- das ist ein Grundanliegen seiner eigenen Philosophie, das er zum Ursprung bei den Griechen zurück verfolgt. Wenn bei den Griechen ‚vernehmen' (νοεῖν) und ‚sammeln' (λέγειν) eng zusammengehören und wenn Heidegger diese Zusammengehörigkeit wiederum mit ‚Seinsentbergung' zusammendenkt, so soll damit nicht allein auf frühe Denker verwiesen werden, sondern u. a. auch darauf, daß manche philosophisch bedenkliche Entwicklung durch diese Rückbesinnung als solche aufgewiesen werden kann. Insbesondere führen Vorstellungen über Beziehungen, die zwischen einer subjektiven und objektiven ‚Sphäre' ge-

[12] Ebd., S. 159.

[13] Ebd., S. 152 resp. 161.

knüpft werden, nur zu leicht dazu, das Phänomen der Entdecktheit auseinanderzureißen und künstlich wieder zusammenzuflicken.

III. Die Fundierungszusammenhänge

Die Fundierungsverhältnisse, auf die sich dieser Abschnitt bezieht, sind von Heidegger in § 33 von ‚Sein und Zeit' gründlich erörtert worden. Es seien jetzt einige Punkte hervorgehoben, die auch für die sehr abstrakten theoretischen Aussagen der Physik von größter Bedeutung sind.

Aus den bisherigen Ausführungen war zu entnehmen, daß die Problematik des ‚Gegenstandes der Erkenntnis' nicht zu einer befriedigenden Lösung geführt werden kann, wenn nicht deutlich gemacht wird, inwiefern die Frage nach dem Gegenstand der theoretischen Erkennntnis nicht herausfällt aus einer bis auf den Grund reichenden Vergewisserung dessen, was wir primär ‚haben' und bestimmen, insofern uns Seiendes ‚begegnet'. Wenn wir berechtigtermaßen sagen können, daß wir in einer primären Erfahrung ‚Seiendes selbst' bestimmen, kann dann nicht auch gezeigt werden, daß die Frage nach dem Gegenstand nicht auf jenes brüchige Eis eines Bezuges führt, der von einem subjektiven Bereich zu einem an-sich-seienden Bereich angeblich soll hinübergeleiten können? Hiermit ist keine andere Frage als die Fundierungsfrage der Erkenntnis gestellt.

Der Übergang vom umsichtigen Zutunhaben mit Zuhandenem zur aufzeigenden Aussage über Vorhandenes bekundet sich in einem Umschlag ‚in der Vorhabe': „Das Womit des Zutunhabens der Verrichtung, wird zum ‚Worüber' der aufzeigenden Aussage."[14] Zu beachten ist, daß Heidegger vom Umschlag ‚in der Vorhabe' spricht. Werden bei einer Aussage über Vorhandenes die Fundierungsverhältnisse zurückver-

[14] M. Heidegger, Sein und Zeit, GA 2, S. 209.

folgt, so „ reichen die Wurzeln der Aussagewahrheit in die Erschlossenheit des Verstehens zurück.“[15] Die Aussage ist in der „umsichtigen Auslegung“ und diese „weiterhin im Verstehen, in der Erschlossenheit des Daseins fundiert.“[16] Jede Auslegung weist zurück auf ein Verstehen des Zuhandenen aus der primär erschlossenen Bewandtnisganzheit. Hier setzt das ‚In-die-Vorhabe-nehmen' immer wieder neu an. Auch die Wissenschaft kann nicht verstehen, was es mit ihrem Entwurf auf sich hat und was sie durch und in ihm bestimmen will, wenn sie sich nicht zurückbesinnen kann auf das, was sie primär ‚hat'.

Betrachten wir jetzt eine Aussage, z.B. eine physikalische Aussage über eine Eigenschaft eines Steines. Worauf sind wir in dieser Aussage bezogen ? Es handele sich um einen Stein (unter manchen anderen Dingen, mit denen wir insgesamt als Zuhandenem zu tun gehabt haben), den wir jetzt neu zum ‚Objekt' einer Aussage machen. Unter mehr oder weniger starken ‚Idealisierungen' gelinge der Physik eine Ausblendung dieses einen Steines. Es handelt sich um Seiendes, das uns als ‚Seiendes selbst' in einer der Erkenntnis schon zugrundeliegenden Hinsicht geläufig ist, und das wir dann in neuer Hinsicht zum ‚Erkenntnisobjekt' machen. Das ‚worüber' der Aussage ist und bleibt der ‚Stein selbst', über dessen in Frage stehende ‚Eigenschaften' jetzt entschieden werden soll. Dieser ‚Stein selbst' wäre das ‚worüber' der Aussage auch dann, wenn wir eine falsche Aussage über ihn treffen würden.

Dem Stein sprechen wir Eigenschaften zu. Was heißt dies genauer besehen ? Etwas, was wir schon ‚haben', wird in der aufzeigenden Aussage in neuer Hinsicht bestimmt. Das, was am zuhandenen Stein schon offenbar war, wird dabei abgeblendet. Erst dann kann ‚in neuer Hinsicht' die Eigenschaftsbestimmung durch eine entsprechende ‚Entschränkung des

[15] Ebd., S. 295 f.
[16] Ebd., S. 295.

Blickes' erfolgen. Dabei erfährt die Als-Struktur der Auslegung eine Modifikation. Durch die neue Hinsicht und für sie „wird das Zuhandene als Zuhandenes verhüllt."[17] Welche Bedingungen für eine theoretische Erkenntnis im einzelnen zu erfüllen sind und wie sich die Aussage ausweisen läßt, ist ein Thema, das in späteren Abschnitten aufgegriffen werden wird. Im gegenwärtigen Zusammenhang ist zunächst auf folgendes zu achten. Die Verhüllung des Zuhandenen bedingt, daß die Aussage über Vorhandenes, auch wenn ihre Richtigkeit oder Falschheit eingesehen ist, ohne nähere Rückbesinnung auf die Fundierungszusammenhänge philosophisch unzureichend verstanden wäre. Sie gäbe Veranlassung für zahlreiche philosophische Scheinprobleme.

Insgesamt kann gesagt werden: Das rätselhafte ‚Gegenüber' des Gegenstandes führt näher besehen zur Einsicht, daß gerade im ‚Entgegenstehen für das Vorstellen' das Sein des Gegenstandes beruht. Der Gegenstand vermag sich in der Seinsweise der Gegenständigkeit als ‚er selbst' zu zeigen, und er kann derart in seinen Eigenschaften bestimmt werden. Die Rätselhaftigkeit verliert ihren aporetischen Charakter aber nur dann, wenn hier weiter nach der Ermöglichung der Seinsweise der Gegenständigkeit durch fundierende Seinsweisen gefragt wird.

IV. Das Verfehlte eines Wahrheitsbegriffes, der an vorgestellten Relationen orientiert ist

Die Erörterung der Intentionalität bei Wahrnehmung und Her-stellung hat gezeigt, *daß Freigabe und Entdecktheit von Seiendem von Grund auf verkannt werden, wenn auf die Subjekt-Objekt-Schematik zurückgegriffen wird.* Bei traditionellen Wahrheitstheorien ist dies jedoch stets mehr oder weniger der Fall.

[17] Ebd., S. 209.

Daß Heidegger das Verfehlte dieser Theorien so klar sehen konnte, ist entscheidend darauf zurückzuführen, daß sich ihm ein Blick eröffnete für das Fundierende desjenigen Bezuges, in dem wir ‚zunächst und zumeist' auf Seiendes bezogen sind. Zunächst bezogen sind wir auf ‚Vorhandenes' im weiteren Sinne des Wortes. Nicht nur das nicht daseinsmäßige Seiende, sondern auch das Dasein selbst wird als Vorhandenes (in diesem Sinne) genommen. Dann liegt es nahe, auch die Beziehung auf das Seiende als ‚vorhandenen Bezug' zu mißdeuten und sich in die Aporien der üblichen Wahrheitstheorien zu verstricken. Die abendländische Philosophie ‚überspringt' hier gerade das Fundierende, und dabei geht der verfehlten Ontologie schon eine verfehlte ‚vorontologische Auslegung' voraus. Heidegger hat gezeigt, wie sich — auch dann, wenn von Aussagen über Vorhandenes ausgegangen wird — der Boden, der sich entzogen hat, zurückgewinnen läßt. Heideggers Blick für das Fundierende erlaubte es ihm, das Phänomen der ‚Entdecktheit des Seienden' und darüber hinaus das ‚ekstatische Sein-bei' (auf dem Grunde einer ‚vorgängigen Erschlossenheit von Welt') enthüllend freizulegen.

Demgegenüber wird in traditionellen Wahrheitstheorien der Wahrheitsbezug als Relation vorgestellt und damit verkannt. Dort, wo Heidegger entprechende Vorstellungen zurückweist, geschieht dies — wie zu erwarten — unter gebührendem Hinweis auf das Phänomen der Entdecktheit. In einem aufschlußreichen Abschnitt von SuZ stellt Heidegger kurz das Verfehlte einer Wahrheitstheorie heraus, die den Bezug zu Seiendem als Relation der genannten Art faßt. Der wichtige Punkt ist die Abschnürung des Bezuges von dem Phänomen der ursprünglichen Entdecktheit des Seienden. Da in einer Aussage die Entdecktheit ‚verwahrt' ist und sich damit ein Bezug zu Zuhandenem bzw. Vorhandenem durchhält, kommt es dazu, daß dieser Bezug selbst als vorhandener ausgegeben wird. Die Entdecktheit wird nun „ihrerseits zu einer vorhandenen Beziehung zwischen Vorhandenem".[18] Sie wird als vorhandene Beziehung gleichsam ‚auseinandergebrochen' und künstlich in ihren Teilen verknüpft. Es darf nicht verwundern, daß eine derart abwegige Vorstellung zu Aporien führt. Wird dagegen gesehen, daß eine Aussage letztlich fundiert ist in der ‚Erschlossenheit des Daseins' und sich als Aneignungsmodus der Entdecktheit erweist,[19] dann zeigt sich, was es heißt, daß eine Aussage ‚Seiendes selbst' sehen läßt entweder als das, was es ist (wenn es aus diesem schöpft), oder auch ‚Seiendes selbst' sehen läßt als das, was es nicht ist. Es wird deutlich, inwiefern das ‚Worüber' der Erkenntnisaussagen ‚Vorhandenes selbst' ist — zurückweisend auf eine zugrundeliegende Auslegung (in der ‚Zeug' der Name für das ‚Womit' des Zutunhabens ist).

[18] Ebd., S.297.

[19] Ebd., S. 299.

E. Die Wesensbestimmung des Menschen und das Wahrheitsgeschehen

I. Der Logos und das Maß der Physis

Erfahrung verstanden als ursprüngliches Wissen des Seienden muß sich als Fragen nach dem Seienden ‚im gewissen Sinn' als selbständig begreifen, vor dem Seienden ‚zurücktreten und es herstellen'. Wie in D. II. angedeutet wurde, ist dies für Heidegger sowohl eine Sachfrage als auch eine Frage, mit der er in die Geschichte der abendländischen Philosophie, besonders in die Anfänge, hineinleuchtet, um sie aufzuhellen. Die Griechen müssen in manchem unbeirrter, obwohl keineswegs in voller philosophischer Klarheit, vor der Aufgabe gestanden haben, sich Rechenschaft darüber abzulegen, was es heißt: Seiendes selbst entdecken, aber nicht verändern, sondern zugleich ‚herstellen und vernehmen'. Eine von Heidegger oft angemahnte Frage lautet: Was besagt es, daß frühzeitig bei den Griechen das Vernehmen (*νοεῖν*) mit dem Sammeln (λέγειν) unmittelbar zusammengedacht wurde und so durch das λέγειν sein Wesen als ‚versammelndes Vernehmen' erhält? ‚Menschsein', schreibt Heidegger — und das ist nicht nur Interpretation des griechischen Denkens — „ist Not der Vernehmung und Sammlung."[1] Die Griechen waren unmittelbarer angesprochen als wir Heutigen von dem ‚Erstaunlichsten', daß der Mensch ‚vernehmend' ist und daß der Mensch inmitten des Seienden versetzt ist zugleich als der ‚Bewahrer'. D. h. das Vernehmen und Bewahren „muß *das der φύσις* gemäße, sie freigebende und doch fassende Andere sein."[2]

---

[1] M. Heidegger, Einführung in die Metaphysik, GA 40, S. 178.

[2] M. Heidegger, Grundfragen der Philosophie, GA 45, S. 178.

Mit guten Gründen war, bevor diese Heideggerworte zitiert wurden, das ‚Freigeben des Seienden als solchen' als eine zentrale philosophische Problematik vorgeführt und erläutert worden. Damit sollte gesagt werden: Das Freigeben bleibt Voraussetzung für jede ‚Erfahrung', die nicht vollends bodenlos sein soll, auch für eine sich im sekundären Bereich etablierende wissenschaftliche Erkenntnis, bei der es schwer sein mag, die Fundierungszusammenhänge sachgerecht aufzuhellen. Der Mensch bleibt stets der ‚Gerufene', der Einbezogene in das Wahrheitsgeschehen, der sich in das sich ihm Eröffnende eröffnend zu fügen hat. Er ist gerufen, das Sein in seiner ‚Gesammeltheit' zu sammeln (λέγειν), es in seiner Offenheit zu wahren und zu hüten.[3] So ist der Mensch ‚in der großen griechischen Zeit' mit seiner Frage nach dem Seienden dem sich ihm Eröffnenden ausgesetzt.[4] Im Grundbezug seines Menschseins bleibt der Mensch der derart ‚Überantwortete'. Wann geht das ‚Herstellen' über ein der Physis ‚gemäßes' (ihr Maß festhaltendes) Herstellen hinaus? Heidegger spricht in seinen späteren Schriften vom ‚Ge-stell'. Hierauf soll in einem der folgenden Abschnitte gesondert eingegangen werden. Es sei aber vorausgeschickt, daß die ‚Gefahr' des Gestells in der Vergessenheit des eigenen Wesens und Bodens liegt. Heideggers Rückfrage und jede mithelfende Bemühung um die Fundierungsfrage gehören zu den Versuchen, der Gefahr des Gestells entgegenzuarbeiten.

Griechisch verstanden ist ‚ποίησις' — wie Heidegger an vielen Stellen seines Werkes darlegt[5] — zunächst die Physis selbst, nämlich Hervorbringung im ‚höchsten' Sinn, die den Aufbruch des Hervorbringens in ihr selbst hat. Zur ποίησις gehört weiter die τέχνη, die nicht nur das handwerkliche Tun

---

[3] M. Heidegger, Einführung in die Metaphysik, S. 175 ff. (insbes. 178 f.).

[4] M. Heidegger, Die Zeit des Weltbildes, in: Holzwege, Frankfurt a. M. 1950, S.84 (GA 5, S. 91).

[5] M. Heidegger, Die Frage nach der Technik, Vorträge u. Aufsätze, Pfullingen, 1954, S. 19.

und Können umfaßt, sondern auch die ‚hohe Kunst und die schönen Künste.' Das künstlerisch-schaffende Hervorbringen eines Kunstwerkes bringt, wie F.–W. v. Herrmann es in Abgrenzung zum handwerklichen Tun präzise formuliert, „die im ekstatischen Bezug empfangene und miteröffnete Unverborgenheit und Offenheit von Welt in das zu schaffende Kunstwerk hinein".[6] Die τέχνη, so führt Heidegger aus, geht von früh an bis in die Zeit Platons mit ἐπιστήμη zusammen. Beide sind Namen für das Erkennen und Entbergen. Ebenso ist für Aristoteles, der hier noch weiter unterscheidet, das Gemeinsame das Her-vor-bringen. Die moderne Erkenntnis dagegen ist kein hervorbringendes Entbergen im griechischen Sinn. Das ‚System' ist vom Entwurfe her neu geprägt. Dennoch ist leicht zu sehen, daß das griechische Denken auf die Neuzeit, insbesondere Platon auf die Entwicklung der ‚deduktiven Wissenschaften' eingewirkt hat. „Daß sich für Platon die Seiendheit des Seienden als εἶδος (Aussehen, Anblick) bestimmt, ist die weit voraus geschickte, lang im Verborgenen waltende Voraussetzung dafür, daß die Welt zum Bild werden muß."[7]

II. Der Mensch ist ‚einbezogen' in das Wahrheitsgeschehen

Der ekstatische Bezug zur ‚entbergend geschehenden Unverborgenheit' läßt eine dreigliedrige Struktur erkennen. F.-W. v. Herrmann hat gezeigt, in welcher Weise Heidegger diese Struktur auf seinem Wege von ‚Sein und Zeit' zu späteren Schriften hin bewahrt und neu durchdenkt.[8] Die Momente der Sorge-Struktur, in der sich in ‚Sein und Zeit' die Ganzheit

---

[6] F.–W. v. Herrmann, Kunstwerk und technisches Produkt. Cultural Hermeneutics of Modern Art. Essays in honor of Jan Aler (1989), S.30.

[7] M. Heidegger, Die Zeit des Weltbildes, S. 84.

[8] F.-W., v. Herrmann, Kunstwerk und technisches Produkt, S. 20 u. 32. Derselbe, Der Humanismus und die Frage nach dem Wesen des Menschen, Daseinsanalyse 1988, (5) S. 276 ff.

der ‚existenzialen Charaktere' ausdrückt, müssen sich auch in der Ek-sistenz (im ‚Ausstehen' des Daseins) zeigen. Dieser Punkt ist im vorliegenden Zusammenhang besonders wichtig. Denn, wie sich aus den vorangehenden Abschnitten entnehmen läßt, hat Heidegger sein Denken gerade im Gegensatz zu subjektivistischen Positionen der verschiedensten Spielarten entfaltet. Es trifft vermutlich zu, daß die Vorliebe, mit der insbesondere Heideggers Entwurf-Begriff oftmals subjektivistisch gedeutet wird, auf Schwierigkeiten hinweist, die Interpreten mit Sachfragen haben. Es entgleitet ihnen ein Hebel, der in ihren eigenen Konstruktionen eine unverzichtbare Rolle spielt. So wird Erkenntnis als subjektive Leistung gesehen, da die Alternative ‚aktive Leistung oder passives Hinnehmen' unausweichlich erscheint. Die Frage nach dem Ermöglichenden, die Heidegger doch zweifellos stellt, scheint so gesehen nach subjektiven Leistungen zu fragen, es sei denn, jede menschliche Freiheit werde geleugnet. Damit zeigt sich klar, was hier nicht aufgenommen wird. Es wird nicht bemerkt, daß für Heidegger das Ermöglichende, gedacht als das Gewährende, auch die Freiheit des Menschen gewährt. Dies ist keineswegs widersprüchlich. Halten wir uns noch einmal vor Augen:

Wäre der Mensch seinem Wesen nach nicht in das Offene der Wahrheit und in das Geschehen des Sich-Öffnens mit einbezogen, dann käme er in keine jener Möglichkeiten hinein, er hätte keinen Bezug zum Anderen und keinen zum ‚Seienden selbst'.

Auch gerade in seinen ‚Leistungen' ist der Mensch in das Wahrheitsgeschehen einbezogen. Denn ‚Leistungen' gründen dort, wo der Mensch seinem Wesen nach gründet.

Wie also steht es mit der dreigliedrigen Ganzheitsstruktur (Geworfenheit, Entwurf und Sein-bei) des Seins des Daseins? Es war schon (in Anm. 4 der Einführung) auf die Gleichursprünglichkeit von Befindlichkeit, Verstehen und Entdecktheit des innerweltlich Seienden und dabei zugleich auf eine vorgängige Erschlossenheit von Welt verwiesen worden. Wie in SuZ vorbereitet und dann später deutlich wird, ist für Heidegger das entdeckende, besorgende Sein-bei zugleich ein Verhalten zur schon offenen Unverborgenheit. Und wenn der Mensch ‚entwerfend' selbst öffnend ist, so nur, insofern er einbezogen ist in das Sich-öffnen der Unverborgenheit. Dieses Einbezogensein verweist letztlich wieder auf die volle Angewiesenheit. Die Unverborgenheit hat über den Menschen — insofern er ihr gehört — immer schon verfügt. Jedoch besagt dies nichts anderes, als daß auf den Grund der ‚eigenen' Leistung des Menschen zurückgefragt wird. Nicht erst die Kehre bedingt Heideggers Zurückweisung eines ‚aktiven, subjektiven' Entwurfs. Die Kehre besagt vielmehr ein Hineingelangen in die ‚Ortschaft der Dimension', von der her die Geworfenheit der Existenz zu denken ist. Der Mensch ist „als Ek-sistenz aus der Lichtung des Seins in diese geworfen, d.h. geschickt."[9] Die Gliedrigkeit der Ermöglichung ist keine teilende Aufgliederung. Die Ermöglichung ist unteilbar eine. Und das ‚Mitöffnen' des Menschen geschieht nicht ‚vom anderen Ufer her', sondern gehört zum unteilbaren Geschehen, dem der Mensch überantwortet ist. Es ist daher gerade die Vorstellung, ein Subjekt müsse als selbständiger Grund für menschliche Aktivität fungieren, welche der Philosophie die größten Schwierigkeiten bereitet. Soll sich in die Bestimmung des Verhaltens des Menschen nicht der ungereimte Gedanke abgetrennter, subjektiver Aktivität oder Beliebigkeit mischen können, dann ist die Frage nach den ‚Gründen' des Verhaltens keine andere als die nach der Bestimmung des Wesens des Menschen. Hier wird dem Menschen nichts von seinem Eigensten genommen. Vielmehr kann so allein das Eigenste des Menschen und damit das ihm gewährte Freisein als ein zu hütendes Verhältnis gedacht werden.

[9] F.-W. v. Herrmann, Der Humanismus und die Frage nach dem Wesen des Menschen, S. 277.

F. Der Entwurf der neuzeitlichen Naturwissenschaft und Kants Frage nach den ‚Bedingungen der Möglichkeit der Erkenntnis'

I. Die Bedingungen der neuzeitlichen Naturwissenschaft (Kants Thesen und Heideggers Vortrag über ‚Die Zeit des Weltbildes')

Der ‚Entwurf' der modernen naturwissenschaftlichen Erkenntnis setzt einen schon ‚offenen Bereich' voraus. Hier sei an das im Vorwort Gesagte erinnert, das jetzt aufgegriffen und anschließend mit Blick auf Kant und die ‚exakten Wissenschaften' um einiges weiter erörtert werden soll. Kant beschreibt das vernunftgemäße Herangehen des Naturwissenschaftlers an die Natur als gezieltes Herangehen mit Prinzipien in der einen Hand und dem Experiment in der anderen Hand.[1] Heidegger sieht noch schärfer den ‚herausfordernden' Charakter der Entbergungsweise, der das der Naturwissenschaft und Technik zugrundeliegende ‚Wesen der modernen Technik' ist. Verständlicherweise kann nur schrittweise erläutert werden, was hier im Blick ist.

Kants bedeutsame erste Antwort gilt es aufzugreifen und zu vertiefen. Wie Kant klar gesehen hat, geht der Naturwissenschaftler an die Natur heran, nicht um sich von ihr am „Leitbande gängeln zu lassen", sondern um sie zu „nötigen", auf Fragen zu antworten, die der Einheit seines Vor-Konzeptes vom Gegenstand entsprechen. Die Natur ist damit gezwungen, auf diese und keine andere Art zu antworten (ebd.). Zudem wäre es nach Kant keine theoretische Naturwissenschaft im strengen Sinn, würden sich hier unsere Beobachtun-

---

[1] I. Kant, Kritik der reinen Vernunft, B XIII.

gen oder Experimente nicht auf das beziehen, das wir „gleich der Natur wenigstens der Ähnlichkeit der Gesetze nach selbst hervorbringen könnten.“[2]

Zu dieser Thematik hat Heidegger bereits in seinen Ausführungen über ‚Die Zeit des Weltbildes' (1938) Wesentliches beigetragen. Der Vortrag ‚Die Frage nach der Technik' (1953) vertieft die früheren Ausführungen zum Wesen der Naturwissenschaft um einen sehr wichtigen Punkt. Es geht Heidegger jetzt darum, den herausfordernden, naturbeherrschenden Charakter der modernen Naturwissenschaft im Zusammenhang mit der Frage nach dem ‚Wesen der Technik' schärfer in den Blick zu rücken. Bereits im erstgenannten Vortrag war aber deutlich ausgesprochen worden,[3] in welchem Sinne sich der Entwurf der mathematischen Naturwissenschaft in einem schon offenen Bereich der Natur vollzieht. Die Entbergungsweise des naturwissenschaftlichen Entwurfes wurde dabei treffend charakterisiert, so jedoch, daß der spätere Gesichtspunkt zum Wesen der modernen Technik (der die überzeugende Abgrenzung zum poietischen Hervorbringen entwickelt) hier erst vorbereitet ist. Es wird gut sein , sich Heideggers Gedankenführung in der vorgegebenen Reihenfolge der beiden Vorträge vor Augen zu führen und dabei den Bezug zur Kantischen Fragestellung wachzuhalten.

Kant hat seine ‚Grundsätze des reinen Verstandes' bekanntlich in mathematische und dynamische Grundsätze unterteilt und zugleich angemerkt, daß er weder die Grundsätze der Mathematik im ersten Fall, noch die Grundsätze der allgemeinen Dynamik im zweiten Fall im Auge habe, sondern vielmehr Grundsätze, von denen jene allererst ihre Möglichkeit beziehen.[4] Ohne die beiden ersten Grundsätze wüßte man nicht, ob und wie weit Berechtigung besteht, die

[2] I. Kant, Kritik der Urteilskraft. Originalausgabe (1790), S. 309.

[3] M. Heidegger, Die Zeit des Weltbildes, S. 69 ff (GA 5, S. 75 ff).

[4] Kant, Kritik der reinen Vernunft, B 202.

Mathematik auf Erscheinungen anzuwenden.[5] Die anderen geben an, unter welchen Bedingungen die ‚Verknüpfung' der Erscheinungen ‚objektiv' — zugleich den reinen Anschauungen Raum und Zeit gemäß — zu geschehen hat. Kant spricht von ‚Beweisen', weiß aber natürlich, daß Beweise etwas voraussetzen, aus dem bewiesen wird. Er ist sich zudem darüber im klaren, daß es sich um eine besondere Art des Beweisens handelt, nämlich aus vor-formulierten Voraussetzungen. Was ist es, das Kant für seine ‚Beweise' zur Verfügung steht? Es ist einmal ein ‚Prinzip der Einheit' und korrespondierend ein Begriff (besser Vor- begriff) vom ‚Objekt', zum anderen ist es das Erfordernis einer vorgängigen Einigkeit der reinen Verstandesbedingungen mit den reinen Formen der Anschauung (mehr noch: mit den reinen formalen Anschauungen) Raum und Zeit, die sich als solche (‚unserige') nur aufweisen lassen.

Ein ungeheures Unterfangen stellt die Aufgabe dar, aus solchen Vorannahmen etwas zu ‚beweisen' ! Verschiedenes fließt ein bei Kant. Die ‚Einheit' läßt sich nicht so ohne weiteres in Einzelbedingungen auseinanderlegen, auch dann nicht, wenn man unterstellen kann, daß einheitliches Verbundensein Voraussetzung für Identität ist. Kant orientiert sich deshalb an den ‚logischen Funktionen' (zu Urteilen), insofern seine ‚Kategorien' Begriffe sind, in denen das Mannigfaltige einer ‚Anschauung überhaupt' gemäß den logischen Funktionen als bestimmt gedacht wird.[6] Er orientiert sich einerseits und korrigiert dabei — soviel hat er aus anderen Argumenten zur Verfügung — die spezielle überkommene Form der Urteile in nicht unwesentlicher Hinsicht.

Fragen wir zunächst, was es in Bezug auf Kants Aufgabe heißt, daß nicht voraussetzungslos deduziert werden kann. Wie kann Klarheit gewonnen werden über die beiden Fragen:

---

[5] Ebd., B 206 und B 221.

[6] Ebd., B 128.

1. Wieweit kann Mathematik auf Objekte bezogen werden — sei es unmittelbar oder sei es (beides ist streng zu trennen) mittelbar in der Physik?
2. Was liegt bereits im Konzept, wenn Objekte, die sich in Raum und Zeit ‚verändern', in dieser ihrer Veränderung objektiv bestimmt werden sollen?

Diese Fragen sind deshalb nicht voraussetzungslos beantwortbar, weil im Sinne Heideggers ein ‚Entwurf' zugrunde liegt, der im schon offenen Bereich der Natur einen Gegenstandsbezirk entwirft und zugleich Bindung der Forschung an den entworfenen Bezirk verlangt. Wenn Kant von ‚Beweisen' spricht, so ist dasjenige, das mit dem Entwurf und damit mit der neuen ‚Hinsicht' und ‚Begrifflichkeit' der Gegenstandserkenntnis zugrunde liegt, nicht selbst wieder ‚beweisbar'. Kant sah wohl, daß seine ‚Beweise' (besonders auch dort, wo Konsequenzen aus der vorgängigen Einigkeit von reinem Verstand und reiner Sinnlichkeit zu ziehen waren) letztlich auf etwas gründeten, das primär nur aufweisbar ist. Gleichwohl überschätzte er die ‚Bedingungen der Möglichkeit der Erfahrung' auf Grund eines einseitigen Erfahrungsbegriffes, den er für allgemein hielt. Damit ist jedoch seine Fragestellung nicht hinfällig, sondern kann bezogen auf den Entwurf objektiver Erkenntnis wiederholt werden.

Was kann mit Blick auf einen Entwurf des Gegenstandsbezirkes der objektiven Erkenntnis bezogen auf diesen ‚a priori' von der Verknüpfung der Gegenstände gesagt werden? Der Zusammenhang der Erscheinungen nach notwendigen Regeln ist für Kant die Bestimmung der Erscheinungen ‚ihrem Dasein nach'.[7] Die Grundsätze, die in den ‚Analogien der Erfahrung' zusammengestellt sind, bestimmen das Dasein in der Zeit von Dingen einer ‚Natur überhaupt' (zu den ‚besonderen Dingen' der Natur s. weiter unten). Wir verdanken den Kantinterpretationen Heideggers den nachdrückli-

[7] Ebd., B 263.

chen Hinweis, daß Kant nicht zunächst nur nach Bedingungen der Verstandeseinheit gefragt hat, während sich ihm die Frage der Einigung mit der reinen Zeitanschauung erst gleichsam nachträglich stellte. Vielmehr ist bei Kant die zu bestimmende Verknüpfung von vornherein auf mögliche Verhältnisse in der Zeit bezogen. Wenn dies so ist, ist einleuchtend, daß ein Ungenügen Kants für Heidegger an dieser Stelle sichtbar wird. Kant fragt nicht nach den Weisen der Zeit als ursprünglichen ‚Weisen der Anwesenheit', Kant ist sogleich tendentiell auf die ‚positive Wissenschaft' Physik ausgerichtet. Doch stellt Heidegger diesen Punkt im Interesse des von Kant Gesehenen zunächst zurück und fährt in dessen Sinne fort: „Nur sofern sie (scil. die Zeit) bleibt, ist Nacheinander und Wechsel möglich".[8] Und weil die Zeit selbst dabei das ursprünglich Beharrliche ist, kann „nur solange die Zeit beharrt", auch ein „Beharrliches als in der Zeit Dauerndes möglich" sein.[9] Somit geht es von vornherein um Verstandesbestimmungen der Veränderung am Beharrlichen in der Zeit. Ein moderner Physiker hat zumeist die heute sehr abstrakte Physik im Auge. Kann auch ihm, der es nicht oder jedenfalls nicht nur mit dem alltäglich Vorhandenen zu tun hat, Kant noch etwas sagen? Hierzu ist zweierlei anzumerken: Es ist

1. sehr hilfreich, sich genauer anzusehen, in welcher Weise Kant hinsichtlich des ‚Verstehens' der ‚Veränderung in der Zeit' stets auch an ‚Beispiele' für die Veranschaulichung denkt. Um dieses richtig einschätzen zu können, bietet es sich an, sich
2. vorher klarzumachen, in welchem Sinne die beiden ersten sog. ‚mathematischen Grundsätze' die Anwendbarkeit der Mathematik auf Gegenstände ermöglichen (primär im Sinne einer unmittelbaren Anwendung und erst in sekundärer Hinsicht im Sinne einer Anwendung in der Physik).

---

[8] M. Heidegger, Die Frage nach dem Ding, GA 49, S.233.

[9] Ebd., S. 235.

3. Geht es dann um die Hauptfrage nach den Einheitsbedingungen, denen die verknüpfenden physikalischen Gesetze unterstehen.

Werfen wir jetzt, bevor wir Kants Gedanken weiter verfolgen, einen kurzen vorläufigen Blick auf diesbezügliche Thesen Heideggers zur neuzeitlichen Wissenschaft.

Bereits angesprochen[10] war der Ausgangspunkt.Im schon offenen Bereich der Natur konstituiert sich durch den naturwissenschaftlichen Entwurf ein Gegenstandsbezirk. Genauer gesagt: Es wird ein Grundriß der Naturvorgänge entworfen. Dieser Grundriß wird als ‚ausgemacht' angesetzt. Es gehört zum Entwurf der Naturerkenntnis, etwas als das ‚Schon-Bekannte' zu entwerfen, das künftighin die ‚Natur' ausmacht, d.h. sie derart festlegt, daß jeder erkannte Naturvorgang in den Grundriß ‚hineingesehen' werden muß. In der Eröffnung eines Bezirkes, an den alles weitere erkennende Vorgehen gebunden ist, liegt nach Heidegger der ‚Grundvorgang der Forschung', wobei die Bindung an den Gegenstandsbereich den ‚Charakter der Exaktheit' hat. „Die mathematische Naturwissenschaft ist nicht deshalb exakt", schreibt Heidegger, „weil sie genau rechnet, sondern sie muß genau rechnen, weil die Bindung an ihren Gegenstandsbereich den Charakter der Exaktheit hat".[11] Die derart ‚strenge' oder ‚exakte' Naturwissenschaft hat in hohem Grade Veranstaltungscharakter, der durch die abstrakte Formulierung der (die Veränderung ‚zum Stehen bringenden') Gesetze zum Tragen kommt. An die Stelle einer Bewährung durch bloße Wahrnehmung tritt die Bewährung vermittels des Messens von Größen.

Die Verknüpfung der Größen durch feste Gesetze bestimmt die Weise der Gegenständigkeit der Gegenstände (Systeme). Für das Entgegenstehen der Gegenstände hat sich

---

[10] Vgl. die ersten Absätze dieses Abschnittes (F.I.).

[11] M. Heidegger, Die Zeit des Weltbildes, S.73.

der neuzeitliche Mensch selbst als Bezugsmitte gesetzt. Die Gegenstände sind Objekte für Subjekte. Daß die Gegenstände derart in den Verfügungsbereich des Menschen gestellt sind, ist für die neuzeitliche Erkenntnis charakteristisch. Es deutet sich diejenige Weise der Entbergung an, zu der der neuzeitliche Mensch, wie Heidegger in seinen späteren Veröffentlichungen betont, ‚herausgefordert' ist, um die Natur ‚herauszufordern'. Was dieser bereits angedeutete Sachverhalt des näheren besagt , darauf wird in F.III. zurückzukommen sein.

Bevor jedoch Heideggers Stellungnahme näher betrachtet wird, soll Kants Position zur Wissenschaft noch genauer zu Wort kommen. Zunächst ist festzuhalten, daß alles, was als ‚Gegenstand' gegeben ist, als solches nach Kant kategorial konstituiert ist. Dazu gehören auch Artefakte, mit denen wir operieren, von denen wir aber, sobald das Mathematische im Blick ist, soweit abstrahieren , daß nur noch die Zusammensetzung des Unterschiedenen relevant ist. Ist nur an die Zusammensetzung von Gleichartigem gedacht, dann geht es dabei um eine mathematische Bestimmung primär vermittels der Zahl, aber nicht schon um eine physikalische Bestimmung. Von dieser unmittelbaren Anwendung der Mathematik auf Erscheinungen ist die mittelbare Anwendung der Mathematik in der Physik zu unterscheiden. Bei der letzteren geht es darum, daß mit Hilfe mathematisch bestimmter physikalischer Größen physikalische Gesetze formuliert werden. Zu dieser Formulierung muß die Mathematik insofern fähig sein, als ein durch Regeln zum Stehen gebrachtes objektives System nur dadurch zugleich ‚Objekt' und ‚Gegebenes' sein kann, daß es über Größen der experimentellen Erfahrung zugängig und ein entsprechender Bezug auf Größen möglich ist (vgl. II. 3.). Bei dieser mittelbaren Anwendung der Mathematik garantiert die Mathematik nicht mehr allein die Sicherheit der Bestimmung. Die Verknüpfung in Raum und Zeit muß zwar, insofern sie den Kontakt zu physikalischen Größen nicht preisgeben kann, auch zu veranschaulichen sein, aber nicht mehr notwendig unmittelbar, sondern eventuell in ‚beispielhafter' Veranschaulichung. Diese ist stets gewahrt, denn es muß sich um mathematisch ‚verstehbare', gesetzliche Beziehungen zwischen ‚Koordinaten' (nämlich der verschiedenen ‚Größen' einschließlich der Zeitgröße) handeln.

II. Die ‚Anwendbarkeit' der Mathematik nach Kant

1. Vorbemerkung

Wie im letzten Abschnitt erwähnt wurde, ist die Mathematik für Kant nicht allein in der Physik auf Erscheinungen anwendbar. Die Bestimmbarkeit der Erscheinungen als Größen (nach Extension und Intension) ist eine unmittelbare, die auf die Erscheinungen — seien sie wissenschaftliche oder vorwissenschaftliche Objekte — unter Absehung von ihrer ‚dynamischen' Verknüpfung bezogen ist. Die geometrische Bestimmung der Ausdehnung bringt dabei Probleme mit sich, die Kant nicht voll durchschaute (s. u.), die arithmetische Anwendung der Zahl jedoch führt bei angemessenem konstruktivem Verständnis zu sicheren Aussagen. Das bekannteste Beispiel, auf das im folgenden u.a. eingegangen wird, ist die Addition von 5+7, bei der für Kant nicht etwa eine ‚formal-mathematische Operation' in einem Zusatzschritt ‚angewandt' wird. Vielmehr wird die Addition im Sinne einer Konstruktion in der reinen Anschauung von vornherein auf Erscheinungen bezogen.

Insgesamt will Kant zur mathematischen Beschreibbarkeit der Objektwelt zugegebenermaßen mehr sagen, als der soeben angedeutete Erscheinungsbezug hergeben würde. Auch die mathematische Formulierung der ‚dynamischen' Verknüpfung, also dasjenige, was wir heute die ‚Anwendung der

Mathematik in der Physik' nennen würden, soll gesichert sein. Dies sei jedoch erst unser 2. Punkt, bei dem die 'Deduktion der Kategorie' eine neue Rolle spielen wird und zudem auch ein Blick auf die ‚Metaphysischen Anfangsgründe der Naturwissenschaft' geworfen werden muß. Wir bleiben zuvor noch etwas bei der Mathematik selbst und ihrer ‚unmittelbaren Anwendung'.

2. Die Mathematik und ihr ‚unmittelbarer' Objektbezug

Kants Lehre von den ‚synthetischen Urteilen a priori' in der Mathematik erscheint trivial anfechtbar. Diese Anfechtbarkeit beruht jedoch, was den zentralen Punkt betrifft, auf einem Mißverständnis. Die Argumentation gegen das Beispiel 5+7=12 läuft wie folgt:

Das sog. ‚Rechnen mit Zahlen' , die elementare Arithmetik, könne bekanntlich axiomatisch begründet werden. Hierzu benötige man die Peano-Axiome für die natürlichen Zahlen und die Regeln der induktiven Definition der Addition. Dann könne 5+7=12 logisch erschlossen werden (und sogar allgemeine Sätze, wie 1+n=n+1). Um die Diskussion nicht unnötig in die Länge zu ziehen, sehen wir über ‚Schönheitsfehler' der formalistischen Zahlbegründung hinweg, wollen also gegenüber gedeuteten formalen Systemen nur Bedenken grundsätzlicher Art berücksichtigen. Zu den weniger wichtigen Punkten, über die wir hier hinwegsehen, gehört der Umstand, daß die natürlichen Zahlen durch die Peano-Axiome nicht eindeutig festgelegt sind. Auch sei es nicht Gegenstand unserer Kritik, wenn bei dem durch vollständige Induktion geführten Nachweis, daß sich die induktive Definition der Addition auf alle natürlichen Zahlen bezieht, die vollständige Induktion nur in einer Form durchgeführt werden kann, die von der Sprache des formalen Systems zugelassen ist.[12] Ebenfalls lassen wir vorläufig außer acht, daß für unsere Beispiele z.T. nur jeweils ein beschränktes Reservoir von Objekten zur Verfügung steht. Wichtig sei zunächst allein, was es heißt, daß ein formales System über ein Spiel mit Schreibfiguren hinausführt, wenn akzeptable Modelle existieren. Wir denken jetzt (wir können sagen: mit Kant, obwohl Kant natürlich über keinen modernen Modellbegriff verfügte) an konstruktive mathematische Modelle. Wir sprechen nicht von Physik, aber auch nicht nur von Modellen aus Schreibkalkülen. Unter dieser Annahme sei erneut an Kant die Frage gerichtet, was ihn veranlaßte, auszuschließen, daß sich das Urteil 5+7 = 12 aus einer Definition der Addition (zusammen mit Zahlaxiomen) ableiten läßt. Letzteres würde ja heißen, daß 5+7=12 ein analytisches Urteil ist. Die Addition mit in die Voraussetzungen aufzunehmen, davon — antwortet Kant — „ist hier nicht die Rede."[13] Warum darf hier nicht die Rede davon sein, wenn doch die ‚Definition' sogar so getroffen werden kann, daß selbst Sätze mit beliebigen Zahlen, wie 1+n = n+1 ableitbar werden? Die Antwort lautet: Weil Kant hier weder von formaler Definition und Ableitbarkeit aus dieser spricht, noch von der Addition als bloßer Vorstellung der Zusammennahme, sondern weil er an eine mathematische Konstruktion in der reinen Anschauung dachte, die auf Erscheinungen (und dabei auch nicht nur auf Schreibkalküle) beziehbar ist. Die Zahl ist dann eine Vorstellung, die die sukzessive Synthesis von Einem zu Einem (gleichartigen, nämlich einer gleichartigen Anschauung) zusammenfaßt. Aber „weder in der Vorstellung von 7, noch in der Vorstellung von 5, noch in der Zusammensetzung beider" denke ich „ die Zahl 12". Und in der Tat: Nur durch erneute sukzessive Durchlaufung des Zusammengesetzten gelange ich zur Zahl 12. Daß die Zahlen in der reinen Anschauung ‚konstruiert' werden, heißt, daß sie in ihrem repräsentativen Charakter vorgestellt werden und damit ‚hineingesehen' wer-

---

[12] E. Landau hatte dies zunächst übersehen und sich dann korrigiert. Vgl. E. Landau, Grundlagen der Analysis, Leipzig 1930, Vorwort für Kenner.

[13] I. Kant, Kritik der reinenVernunft, B 205.

den in die Erscheinungen. Doch gerade dann ist die Addition als mathematische Operation nicht einfach die Vorstellung einer Zusammennahme. Es entspricht den Regeln der ‚induktiven Definition', daß ich neu durchlaufen muß. Und das, was hier in diesen Regeln ausgedrückt ist, muß zugleich in seiner vollen Beziehbarkeit auf Erscheinungen gedacht werden.

Festgehalten sei, daß eine ‚konstruktive Deutung' fehlinterpretiert wäre, würde man die Deutung von formalen Axiomen (also z.B. der Peanoaxiome für die nat. Zahlen) nur auf konstruierbare Schreibfiguren beziehen. Es wäre aber ebenso mißdeutet, würde man einen Bezug auf Artefakte und sonstige Systeme isolierter Objekte sogleich mit einer physikalischen Anwendung gleichsetzen. Denn der bloße Unterschied des Bezuges einerseits auf Schreibfiguren und in analoger Weise andererseits auch auf andere ‚Objektsysteme' ist allein ein Unterschied in der Art der Abstraktion. Objekte der vorwissenschaftlichen und auch der wissenschaftlichen Erkenntnis können, sofern sie als isoliert betrachtet werden, ebenso durch sukzessive Synthesis zusammengesetzt (und ‚gezählt') werden, wie atomare Schreibfiguren. Der Unterschied liegt in der Tat allein in der Art der angesetzten Abstraktion. Die Abstraktion geht hier in beiden Fällen so weit, daß zusätzliche ‚Verknüpfungen' (im Sinne der ‚dynamischen Grundsätze Kants') keine Rolle spielen.

Entsprechend ist die Sicherheit einer Additionsbehauptung (bezogen auf Objekte der Welt) unmittelbarer garantiert als diejenige eines mathematisch formulierten physikalischen Gesetzes. Allerdings hatten wir schon andeuten müssen, daß die Sicherheit des ‚Hineinsehens' geometrischer Beziehungen in die Erscheinungen (eine ebenfalls nicht schon fraglos ‚physikalisch' zu nennende Bestimmung) mit einigen Problemen belastet ist, die Kant nicht berücksichtigt hat. Es genügt hier nicht, sich auf die Bestimmbarkeit von Gestalten durch sukzessive Synthesis des Gleichartigen allein zu berufen. Die euklidische Metrik resultiert hieraus noch nicht. Weiter kommt man diesbezüglich erst, wenn man mit P. Lorenzen sog. Homogenitätsprinzipien zugrunde legt.[14]

Soll die Erörterung zur Mathematik mit Blick auf einen modernen Formalisten auf den Modellbegriff bezogen werden, dann muß genauer gesagt werden, was ein Modell zu einem formalen Axiomensystem ist (ein moderner Konstruktivist ist von dieser Aufgabe ‚befreit', weil er sogleich mit einem konstruktiven Aufbau beginnt). Wir sprechen von einem Modell eines formalen Systems, wenn dessen Axiome von einem Objektbereich mit bestimmten Eigenschaften, Beziehungen und Operationen erfüllt wird. Ein Modell könnte ein konstruktives Modell sein und als solches z.B. selbst wieder aus Kalkülen bestehen. Bei entsprechend angesetzter Abstraktion ist es dann gleichgültig, ob man mit Kalkülfiguren oder Artefakten oder auch geeigneten Objektsystemen operiert. Besteht ein konstruktives Modell für eine elementare arithmetische ‚Axiomatik' (beschränken wir uns der Einfachheit halber auf das Zählen und Addieren) aus Äpfeln, so ist ein Satz wie 5+7=12 im Apfelmodell — dessen Reservoir hier zunächst ein wenig fiktiv als nicht beschränkt angenommen sei — erfüllt. Aber, wie gesagt, es handelt sich nicht um Physik, und doch steckt in der Addition mehr als die bloße Vorstellung der Zusammennahme zweier Äpfelhaufen.

In diesem Zusammenhang darf jedoch nicht die große Leistung Freges für die Zahlbegründung durch Kurzformulierungen überspielt werden. Wenn wir leichthin von unterschiedlich angesetzten Abstraktionen gesprochen hätten, hätten wir uns dieses Unrechts schuldig gemacht. Daher ist jetzt eine kurze Erläuterung im Sinne Freges angebracht. Frege sah als erster, wie die Abstraktion für die Zahlbegründung sinnvoll anzusetzen ist. Er orientierte sich sorgfältig an analogen, aber leichter durchschaubaren Fällen. Im Sinne

---

[14] P. Lorenzen, Lehrbuch der konstruktiven Wissenschaftstheorie, Zürich 1987, S. 196 ff.

seiner Überlegungen ist die Zahl, die einem Begriff zukommt, zu definieren als der Umfang eines anderen Begriffes. Dieser letztgenannte Begriff ist der Begriff ‚gleichzahlig dem erstgenannten Begriff'. Dabei mußte Frege für die Relation der Gleichzahligkeit nicht auf den Zahlbegriff rekurrieren. Russells äquivalente Definition ist sicherlich anschaulicher, kann aber auch leicht zur Verkennung der Rolle der Abstraktion in der Zahldefinition führen. Eine Zahl kommt nach Russell nicht einem Begriff, sondern in analoger Weise einer Menge zu. „ Die Zahl einer Menge ist die Menge aller ihr ähnlichen Mengen“[15] (Der Terminus ‚ähnlich' ist hier im Sinne der Mengenäquivalenz gebraucht). Wenn von ‚Menge aller ihr ähnlichen Mengen' die Rede ist, so ist im Grunde ein Abstraktum gemeint. Es ist aber vermeidbar — und sollte vermieden werden —, die Abstraktion über Mengen oder Klassen (mit Repräsentanten) zu erklären. Davon (und ebenso von der bekanntlich durch Russell selbst eingeleiteten Bemühung, das Fregesche System bzw. die Mengenlehre von Antinomien zu befreien) sei im Moment noch abgesehen.

Nur vorläufig absehen konnten wir jedoch von einem anderen Punkt, der verständlich macht, weshalb wir bei aller Anerkennung der Fregeschen Leistung nun doch wieder zur konstruktiven Zahlbegründung zurückkehren (Freges Einsichten zum Abstraktionsprozeß bleiben dabei voll berücksichtigt). Eine große Schwierigkeit für die logizistische und auch für die mengentheoretische Zahlbegründung liegt nämlich in dem Erfordernis, über einen unendlichen Individuenbereich verfügen zu können. Es erhebt sich die Frage, wie es mit dem Fall stünde, daß „die Gesamtheit der Individuen in der Welt endlich ist.“[16] Dann würden von einer gewissen Höhe an wegen der Leerheit der Mengenmengen alle Zahlen gleich. Man muß daher die Unendlichkeit des Individuenbereiches ausdrücklich axiomatisch fordern. Dies aber ist eine

---

[15] B. Russell, Einführung in die mathematische Philosophie, 1923, S.18f.

[16] Ebd.,S. 24.

Ad-hoc-Forderung, bei der an dieser Stelle die ‚Welt' eine Rolle spielt für das, was sich ansonsten den Anschein gibt, für eine Mathematik entwickelt zu sein, die nicht schon gebannt auf ihre Anwendbarkeit schaut. Für die ursprünglichen Intentionen des Logizismus liegt hier eine unüberwindliche Schwierigkeit, für eine mengentheoretische Begründung der Mathematik eine ungelöste Frage. Es erhebt sich der naheliegende Einwand, weshalb nicht anders begonnen wird: nämlich mit der Konstruktion (nach Regeln) von potentiell unendlich vielen Schreibfiguren, die als ‚Ziffern' fungieren können. Der Abstraktionsprozeß sollte dann so ansetzen, daß die Austauschbarkeit von Ziffern eine Invarianzbehauptung wird. Genauer: Der Abstraktionsprozeß legt die Invarianz von Aussagen gegenüber dem Austausch äquivalenter Ziffern fest.

3. Die Anwendung der Mathematik in der Physik

Wie steht es um die ‚Anwendbarkeit' der Mathematik in der Physik? Diese Frage führt uns zurück zur Frage nach den Bedingungen der objektiven Erkenntnis, jetzt bezogen auf die ‚Verknüpfung' von Erscheinungen, deren Verstehbarkeit Mathematik und damit letztlich eine sukzessive Synthesis des mannigfaltigen Gleichartigen fordert.

Physikalische Gesetze bringen das Veränderliche ‚zum Stehen'. Physikalische Theorien müssen etwas ansetzen, das dem Beharrlichen der Zeit korrespondiert und ein identisch Bleibendes in der Zeit ist. Wenn sich Zustands- und Größenbestimmungen ändern, muß diese Veränderung, muß das Zugleich und Nacheinander gesetzlich geregelt sein. Sofern sich Physik auf die ‚eine' (körperliche) Natur bezieht, müssen die Gesetze — so die Forderung des Einheitskonzeptes — gleichermaßen für jedermann festliegen. Die damit verbundene und zugleich erforderliche mathematische Verständlichkeit hat Kant in der K.r.V. interessanterweise nur in

Zusatzbemerkungen angesprochen. Diese leicht zu übersehende Schwäche drückt sich in den sehr knapp gehaltenen Erläuterungen zum vorgängigen Bezug aller Verstandesleistungen auf die reinen formalen Anschauungen aus.

Beginnen wir diesbezüglich mit Heideggers Hinweisen auf gewisse Defizite bei Kant. Kategorien sind nach Kant ‚Begriffe vom Gegenstand überhaupt'. Sie haben keinen anderen Gebrauch zur objektiven Erkenntnis als den empirischen, aber für sich gesehen sind sie Einheitsfunktionen, denen gemäß das Mannigfaltige einer Anschauung überhaupt in Ansehung einer der logischen Funktionen (zu Urteilen) als bestimmt angesehen wird.[17]

Die Anwendung der intellektuellen Synthesis auf sinnliche (unmittelbar: reine) Anschauungen erfordert ein Mittleres: die reine Synthesis der Einbildungskraft. Nachdem Kant im Deduktionskapitel der ‚Kritik der reinen Vernunft' Beweise dafür vorgestellt hat, daß das Mannigfaltige der sinnlichen Anschauungen allein unter Kategorien zur Einheit der objektiven Erkenntnis gebracht werden kann, und daß die Kategorien auch keinen anderen Gebrauch zur objektiven Erkenntnis haben als den empirischen, gibt er sich mit dem Gezeigten noch nicht zufrieden. Kant vertieft die Deduktion nicht, wie Heidegger es gewünscht hätte , durch eine Rückfrage hinter die synthetische Einheit der Apperzeption derart, daß deutlich wird , wie diese schon ursprünglicher gebunden ist an das reine Mannigfaltige der Zeit, d. h. er zeichnet nicht die produktive Einbildungskraft in dem mit Recht von Heidegger geforderten Sinne als ‚ursprünglich' aus.

Dennoch hat auch Kants eigene Unzufriedenheit mit dem bisherigen Teil der Deduktion (vgl. die zusätzlichen Ausführungen in § 26 der Ausg. B der K.r.V.) mit der Rolle der Einbildungskraft als ursprünglich ‚bildendes' Vermögen wesentlich zu tun. Alles, was unseren Sinnen nur vorkommen

---

[17] I. Kant. Kritik der reinen Vernunft. B 128.

mag, auch die Gegenstände ihrer dynamischen Verbindung nach (d.h. ihrer Verknüpfung nach), muß unter Gesetzen stehen, die a priori aus dem Verstande stammen. Dazu ist es erforderlich, daß die Synthesis der Apprehension (die empirisch ist) der intellektuellen Synthesis (unter Verstandeskategorien) gemäß ist. Nun muß aber die Synthesis der Apprehension zuvor den Formen sinnlicher Anschauung (Raum und Zeit) gemäß sein, und da Raum und Zeit als formale Anschauungen selbst vorgestellt und damit Einheit der Synthesis des Mannigfaltigen sind, muß alles, was in Raum und Zeit bestimmt vorgestellt wird, dieser Einheit gemäß sein. Alles in Raum und Zeit Gegebene und Verbundene steht dann aber deshalb unter Kategorien, weil es nur ein und dieselbe Spontaneität sein kann, der gemäß der Verstand Verbindung in das Mannigfaltige einer Anschauung hineinbringt. Bei den Kategorien wird von Raum und Zeit abgesehen und nur ‚Anschauung überhaupt' als durch die Kategorien bestimmt gedacht, in der Erkenntnis selbst spielt dann die Einbildungskraft die entscheidende Vermittlerrolle, ja sie verweist auf ein Ursprünglicheres. Damit ist zugleich gesagt, daß alles in Raum und Zeit Gegebene mathematisch zugängig sein muß. So ist dann auch die mathematische Formulierbarkeit der physikalischen Erkenntnis gesichert. Die physikalischen Größen sind als solche selbst mathematisch bestimmbar und darüber hinaus sind die Gesetze, die den ‚dynamischen Grundsätzen' unterstehen, mathematisch formulierbar.

Nochmals also sei unterstrichen: In der physikalischen Erkenntnis werden zeitabhängige Größen in feste Beziehungen gesetzt. Eine Beziehung dieser Art ist nach Kant den Einheitsbedingungen gemäß, als solche jedoch ist sie erst auf Grund von Erfahrung ein objektiv bestimmtes Gesetz.

Die Anwendbarkeit der Mathematik drückt sich hier genauer gesagt im folgenden aus: Wird in der objektiven Erkenntnis die Zustandsveränderung eines Dinges als Verknüpfung mathematischer Größen bestimmt, so kann eine solche

Bestimmung „keine Vernunft sich ohne Beispiel begreiflich machen“. Und dies „nicht allein“. Die Veranschaulichung der Bestimmung in der Zeit durch sukzessive Synthesis des Gleichartigen verlangt eine ‚figürliche‘ Vorstellung der Zeit (als räumlich vorgestellte Koordinate) und verlangt damit zugleich, daß die Veränderung in der Zeit bezogen auf die Zeitkoordinate als Bewegung in einem räumlich zu veranschaulichenden Koordinatensystem vorstellbar ist.[18] So ist insgesamt die mathematische Beschreibbarkeit der Gesetze von vornherein im Wesen der objektiven Erkenntnis angelegt. Darin liegt, wie gleich näher erläutert wird, gerade auch für eine vorgegebene konkrete Physik eine Verstehbarkeit, die sich genau soweit erstreckt, wie Mathematik selbst ‚verständlich‘ aufgebaut ist. Voll verstanden ist Mathematik und damit mathematisierte Physik nur dann, wenn es sich dabei um das Verständnis einer konstruktiv begründeten Mathematik handelt. Auf die konstruktive Begründung der Mathematik wird später einzugehen sein. An dieser Stelle sei zunächst festgehalten, daß die Anwendbarkeit der Mathematik über eine ‚unmittelbare‘ Anwendung hinausgeht und sich voll auf die Naturwissenschaft als solche erstreckt.

Wenn der § 26 nach Kants Worten eigentlich erst recht verständlich macht, inwiefern alles sinnlich Gegebene auch nach den Gesetzen der Verbindung durch Kategorien a priori erkannt werden kann (sodaß der Natur gleichsam das Gesetz vorgeschrieben wird), so will Kant sicher nicht behaupten, er sei in der Lage, einen Naturbegriff der Physik zu deduzieren. Aber dennoch ist es zweierlei, das hier Kants These beinhaltet:

1. Alles sinnlich Gegebene ‚steht unter‘ Kategorien als Funktionen der Einheit (letztere erschöpfen ihre Bedeutung ganz und gar im Gebrauch zur Gegenstandskonstitution). Für die Naturwissenschaft ergibt sich daraus, daß sie als

---

[18] Ebd., B 292 f.

strenge Wissenschaft auf keinem Stand festen Fuß fassen kann, auf dem mehrere nicht äquivalente Systeme nebeneinander Wahrheitsanspruch erheben.

2. Die Grundbegriffe einer konkreten Physik, wie die Newtonsche, müssen ‚unter' den Kategorien und Grundsätzen in einer besonderen Metaphysik der Natur ‚verstehbar' sein. Und diese Verstehbarkeit geht Hand in Hand mit einem Bezug auf mathematische Konstruktion.

Eigentliche Naturwissenschaft setzt nach Kant eine Metaphysik der Natur voraus, die nicht-empirische Prinzipien enthalten muß. Ihr transzendentaler Teil handelt von Gesetzen , die den Begriff einer ‚Natur überhaupt' möglich machen, im besonderen Fall aber beschäftigt sich die ‚Metaphysik der Natur' mit der Natur dieser oder jener Dinge, von denen ein empirischer Begriff gegeben ist. Sie sucht hier ‚den Umfang der Erkenntnis', die a priori über diese Gegenstände aufgestellt werden kann. Zugleich aber muß, wenn es um die Möglichkeit einer eigentlichen Wissenschaft gehen soll, die Möglichkeit der Anwendung der Mathematik einsichtig werden. Aus letzterem Grund konzentriert sich Kant auf die Metaphysik von der körperlichen Natur. Hier kommt beides zusammen: Der empirische Begriff der Materie kann — obzwar selbst empirischer Begriff — in seinen Bestimmungen dem überschaubaren ‚Schema' der Kategorien unterstellt werden, und ‚metaphysische Konstruktion' heißt dabei zugleich: Einsicht in die Möglichkeit der mathematischen Konstruktion. Keineswegs geht es also um eine bezuglose Begriffsanalyse als solche. Dieser Punkt ist deshalb von größter Wichtigkeit, weil die Möglichkeit des Gebrauchs einer konstruktiv begründeten Mathematik gleichbedeutend mit ‚Verstehbarkeit' der Wissenschaft ist. Einzelheiten werden beim heutigen Physiker kaum ein größeres Interesse erwecken. Hat man jedoch den letztgenannten Gesichtspunkt im Auge, dann mögen einige Punkte an Gewicht gewinnen. Materie muß sich als mathematisierbarer Begriff erweisen, wenn z. B.

an ihm dasjenige ausgemacht werden soll, das mit Blick auf die Beharrung der Substanz dem Beharrlichen korrespondiert. Wenn dann Kant die Materie als ‚das Bewegliche im Raume' (das ‚bewegende Kraft' hat) und die Quantität (die sich erhält) als „Menge des Beweglichen in einem bestimmten Raum"[19] bestimmt, so erkennt man unschwer, wie hier die ‚metapysische Konstruktion' die ‚mathematische Konstruktion' einzubeziehen vermag. Man sieht z. B. auch, wie mit der quantitativen Darstellung im Raume die Addition von Kräften geometrisch veranschaulicht und damit verstanden werden kann.

Ein mathematisch Veranschaulichtes darf — auch wenn die Anschauung, wie oftmals in der modernen Physik, sehr ‚strapaziert' wird — als ‚verstanden' gelten. Dies jedenfalls kann behauptet werden, wenn der Aufbau der Mathematik ein konstruktiver ist. Damit soll nichts anderes gesagt sein, als daß konstruktiv aufgebaute Mathematik von Grund auf verstehbar ist, und daß sich diese ‚Verständlichkeit' auf die physikalischen Gesetze (nicht ohne weiteres schon auf das So-und- nicht-anders der Gesetze) überträgt, wenn die physikalischen Gesetze mathematisch formuliert sind.

Jede konstruktiv mathematisch beschriebene Theorie ist so dargestellt, daß die Hebel für erforderliche Korrekturen an die Hand gegeben sind. Man kennt die verwendeten bzw. verfügbaren Grundbausteine (z. B. als Alternativen),[20] kann

---

[19] I. Kant, Metapysische Anfangsgründe der Naturwissenschaft, S. 481, 537 und 541.

[20] C. F. v. Weizsäcker möchte im Anschluß an Kant einen wesentlichen Schritt weitergehen und sagen, daß die Grundgesetze der Physik selbst ‚die Bedingungen der Möglichkeit objektivierbarer Erfahrung aussprechen.' Die These besagt, daß bei einer (endgültigen, abgeschlossenen) Theorie die Erfahrung in Ja-Nein-Entscheidungen formuliert ist und ‚die Grundgesetze der Physik nichts als die Logik objektiver Erfahrung formulieren' (Der Garten des Menschlichen, München 1971, S. 428.) Die ‚Logik zeitlicher Aussagen' leitet zu dieser These hin. Die Weise, in der Brouwer sich mit seinen besonderen mathematischen Hilfsmitteln (vgl G.III.) Aristotelischen Vorstellungen zu nähern vermag, scheint dem Verf. verwandte Züge mit Weizsäckers Thesen

Fehler ‚einkreisen' und im Prinzip analoge Modelle herstellen. Durch unmittelbare Verständlichkeit der Mathematik und durch die vermittelte Verständlichkeit der Physik, findet die ‚Machbarkeit' einen abgesicherten Ausdruck.

Dem konstruktiven Aufbau der Mathematik kommt daher nach Auffassung des Verfassers eine ausgezeichnete Rolle zu. Besondere — wohl bis heute noch nicht hinreichend gewürdigte — Verdienste hat sich hier der Mathematiker Hermann Weyl erworben, auf dessen Bemühungen zur Analysis in G. II. Bezug genommen wird. P. Lorenzen hat Gedanken H. Weyls aufgegriffen und eigenständig weiterzuführen versucht. Auch auf die wichtigen Arbeiten P. Lorenzens wird nachfolgend verwiesen werden. Der Frage, wieweit Vertreter der modernen konstruktiven Mathematik und Logik bereit sind, sich auf Thesen Heideggers näher einzulassen, muß und kann hier jedoch nicht nachgegangen werden. Unabhängig davon sei für den vorliegenden Zusammenhang unterstrichen: Das Verständnis einer konstruktiv begründeten Mathematik fördert — indem es die Verstehbarkeit der Physik fördert — das Verstehen physikalischer Zusammenhänge im Sinne eines prinzipiellen Selbst-machen- könnens von Analogem.

III. Das ‚herausfordernde Entbergen' und die ‚Sinnkrise' der modernen Naturwissenschaft

Die Wissenschaft kann fortschreiten, ohne eine philosophische Besinnung bei jedem Schritt in ihre konkrete Arbeit

---

zum Zeitbezug zu haben (vgl. auch: Möglichkeit und Bewegung, in: Die Einheit der Natur. München 1971. S. 428 ff). Würde sich die von Weizsäcker aufgestellte Einheitsthese zur Physik in einer voll ausgestalteten Theorie erfüllen lassen, so wäre damit zugleich ein neuer Ansatz für eine Rückfrage zum ermöglichenden Fundament — ausgehend von einem Zeitbegriff für die Physik (nach v.Weizsäcker allgemeiner für: ‚begrifflich empirisches Denken überhaupt') — bereitgestellt.

einfließen zu lassen. Sie vermag sich jedoch nicht selbst zu verstehen, wenn sie sich nicht Rechenschaft darüber ablegt, inwiefern sie ganz und gar davon abhängt, daß Seiendes von sich her begegnen kann. Thematisch wird in ihr nicht gefragt, was es besagt und ermöglicht, daß der Mensch seinem Wesen nach der Vernehmende ist, der in dieses Vernehmen ‚gerufen' ist. Es kommt hier nicht vor, insofern es schon so sein muß, bevor Naturwissenschaft überhaupt beginnen kann. Auch ist Naturwissenschaft nicht der primäre Ort dieses Geschehens, obwohl sie ganz und gar von ihm abhängt.

Wir sahen: Ihrem eigenen Entwurf gemäß entfaltet sich moderne mathematische Naturwissenschaft im schon offenen Bereich der Natur. War es gerechtfertigt, das Vorgehen der Naturwissenschaft mit Heidegger als ‚herausforderndes Entbergen' zu kennzeichnen?

Die Naturwissenschaft prüft ihre Hypothesen, indem sie Voraussagen prüft, die unter gewissen Anfangsbedingungen nach den aufgestellten Gesetzen eintreten müßten. Eine Fragestellung an die Natur ist z.T. von der Art, daß in starkem Maße ‚veranstaltete' experimentelle Vorkehrungen erforderlich sind. Dies heißt nicht, daß nur komplexe Zusammenhänge erforscht werden. Das Verfahren besteht vielmehr gerade darin, einfache Zusammenhänge gedanklich zu isolieren, um die komplexe Natur daraus ‚zusammensetzen' zu können. Die bessere Kenntnis der Naturzusammenhänge auf Grund systematisch geleiteter Fragestellungen ermöglicht, indem sie die Erkenntnis der Natur im Sinne der Naturbeherrschung steigert, eine immer leistungsfähigere Technik. Darin zeigt sich, was moderne Naturerkenntnis ihrem Wesen nach schon ist. Über das Verhältnis von moderner Naturwissenschaft und Technik sagt Heidegger: Zwar ist die „neuzeitliche physikalische Theorie der Natur" im gewissen Sinne Wegbereiterin der modernen Technik. Sie kann es aber nur sein, weil „das herausfordernde Versammeln in das bestellende Entbergen" „bereits in der modernen Physik" waltet, ohne in ihr schon eigens zum Vorschein zu kommen.[21] So steigert sich mit dem Fortschreiten der Naturwissenschaft der Eindruck, Natur sei ihrem Wesen nach das Beherrschbare. Das, was über sie zu sagen ist, ist dann in erster Linie: man hat sie umso mehr erkannt, je mehr sie beherrschbar ist. Das Beherrschenkönnen ist zugleich ein Herstellen-können. Mit wachsendem Erfolg und ohne auf Grenzen zu stoßen, gelingt es der Physik, ins menschliche Leben ‚einzugreifen' (d.h. durch die Kenntnis der physischen Zusammenhänge produzierend einzugreifen). Zwar wird der Naturwissenschaftler meistens sagen, sein Erkenntnismotor seien die Versuche, die Natur stets besser und detaillierter zu beschreiben. Dies jedoch ist eine Art ‚façon de parler', denn das Hauptkriterium der Verbesserung von Theorien liegt deutlich im besseren Prognostizieren-können (denkökonomische Prinzipien u.ä. mögen als deutlich zweitrangig hinzukommen).

Wird aber die ‚Beherrschung' zum wesentlichen, alles verdrängenden Aspekt, so muß sie den Anspruch erheben, Herr ihrer eigenen Herrschaft zu sein. Dies jedoch ist sie am allerwenigsten. Es entziehen sich ihr nicht nur die zugrunde liegenden Weisen der Entbergung. Ihre eigene Weise der Entbergung gerät — wie man sich ausdrückt — in eine ‚Sinnkrise', die es erforderlich macht, mit der ‚Ethik' ins reine zu kommen. Indessen schreitet das Machen-können durch Beherrschen-können fast unbeeindruckt voran. Auf dem Wege der Entwurzelung kann es dahin kommen, daß in der Naturwissenschaft „auch der Gegenstand in das Gegenstandslose des Bestandes" verschwindet.[22] Heidegger spricht von einer Gefahr, die keineswegs schon gebannt ist, denn der Aufgang des ‚Rettenden' erscheint nur, wenn wir einkehren in die Erfahrung, „ Gebrauchte zu sein zur Wahrnis des Wesens der Wahrheit."[23] Vorerst verweist das Ge-stell in das Entber-

---

[21] M. Heidegger, Die Frage nach der Technik, S. 29.

[22] Ebd., S. 26.

[23] Ebd., S. 41.

gen von der Art des Bestellens. Es ist ein Herausstellen, dessen Stellen darauf abzielt, dieses für jenes und jenes für ein weiteres zu bestellen, derart, daß das eine durch das andere sichergestellt ist. ‚Das Seiende als Bestand entbergen' besagt also: ein Ganzes ineinandergreifender Folgen der Bestellung entbergen. Das Gestellte ist in diesem Zusammenhang stets abrufbereit. Die heutige Möglichkeit, äußerst komplexe Zusammenhänge als ‚Information' abzuspeichern, steigert in hohem Maße das Stellen- und Beherrschen-können. Nach Abruf einer entsprechenden speziellen Information ist dieses oder jenes stets verfügbar für gewünschte Zwecke. Doch zeigt sich gerade auch hier, daß das Bestreben nach Sicherung des verfügbar Gemachten immer ausschließlicher unsere Kräfte beansprucht, ohne doch das Vorhaben der Sicherung abschließen zu können. Das ‚Ge-stell' verdeckt seine eigene Entwurzelung, es sei denn, das Gestell wird als Gestell erfahren. Der Mensch, der sich als Bezugsmitte (als Subjekt) sieht, vermag dies jedoch nicht. Er sieht sich als derjenige, der ‚aktiv' die Leistung der Naturbeherrschung vollbringt, und damit ist er abgeschnitten von jenem, das ihm diese ‚Leistung' allererst ermöglicht. Nur zu leicht verwickelt er sich nun zusätzlich in die abwegige Frage, welcherart die Welt bei gedachtem Abzug seiner subjektiven Leistungen ‚an sich' sei (vgl. C. III.).

Anders verhält es sich, wenn sich der Mensch primär nicht als Subjekt erfährt, sondern als innestehend in der Offenheit des Seins. Dann kann für ihn der Hinweis auf eine Aktivität, verstanden als subjektive Aktivität, nicht das letzte Wort sein (vgl.E. II.).

IV. Die moderne Mathematik und Naturwissenschaft im Lichte der ‚Rückfrage' Heideggers

Heidegger hat den Weg gewiesen, nach demjenigen zurückzufragen, das in der neuzeitlichen Metaphysik ungedacht blieb. ‚Rückfrage' darf nicht mißverstanden werden als eine Frage in tief abgelegene Bereiche. Vielmehr ist das ungedacht Zugrunde-liegende gerade dasjenige, in dem das Eigenste des Menschen (das ihm seinem Wesen nach ‚Nächste') beschlossen liegt, und von dem auch die Wissenschaften allein ihre Möglichkeit beziehen. Die Wissenschaften vollziehen ihren Aufbau jedoch in einer sekundären Hinsicht, d.h. in einem schon ‚offenen' Bereich. Sie sind damit in erhöhtem Maße der Gefahr ausgesetzt, sich von ihrem Boden weitestgehend abzuschnüren. Das Seiende, auf das sich die Naturwissenschaft bezieht, ist der ‚Gegenstand', nämlich Seiendes in der Seinsweise der Gegen-ständigkeit. Die Naturwissenschaft kann daher nicht voll verstehen, was das ‚worüber' ihrer Aussage ist, wenn sie nicht auf den Boden der Fundierung der Seinsweisen zurückfragt. Ohne diese Rückfrage wäre der Gegenstand ausschließlich jenes X, auf das bezogen unserer Erkenntnis durch einen spezifischen Entwurf der ‚Charakter der Notwendigkeit' (Kant) verliehen wird. Aber nur sofern Dasein ‚erschlossen' ist und Seiendes, zu dem es sich verhält, ‚entdeckt', ja — nur sofern der Mensch seinem Wesen nach in das Wahrheitsgeschehen von diesem her einbezogen ist, kann ihm überhaupt Seiendes primär (und dann auch in weiteren Abwandlungen) begegnen. Ohne dies gäbe es kein ‚worüber' der wissenschaftlichen Erkenntnis und damit nicht einmal einen ‚Erkenntnisirrtum'.

Waren die Griechen dem Geschehen des ‚Herausnehmens aus der Verborgenheit' gleichsam von Haus aus näher? Heidegger ging dieser Frage , wie erläutert wurde , u.a. dadurch nach, daß er untersuchte, wieweit im griechischen ‚hervorbringen' und ‚her-stellen' der Freigabecharakter dieser Worte durchklang. Und liegt nicht auch darin, wie die Griechen das Wort ‚τέχνη' gebrauchten, ein Freigeben und Bewahren der Physis? Das Freigebende und Fassende ist gegenüber der Physis zwar das ‚Andere'. Dennoch aber kann das „ Vorgehen gegen das Seiende" sich hier so vollziehen, daß primär das Seiende selbst „zum Erscheinen kommt".[24]

Zwischen dem griechischen Wort ‚τέχνη' und dem heutigen Begriff der Technik besteht ein großer Unterschied. Das Entbergen der modernen Technik ist nicht das hervorbringende Entbergen der griechischen ποίησις, sondern ein ‚herausforderndes' Entbergen. Und hier liegt der herausfordernde Charakter schon der modernen Naturwissenschaft zugrunde, obwohl er dort noch nicht eigens ans Licht kommt. Soll ein näherer Einblick in das zunächst noch nicht eigens zum Ausdruck kommende Herausfordern gewonnen werden, dann dürfen die in der Wissenschaft benutzten Kalküle nicht nur für sich allein als ‚Hergestelltes' und ‚Gemachtes' angesehen werden. In der Zahl z.B. drückt sich eine grundlegende Konstruktion aus. Aber die Zahl ist in ihrer Leistung nur als Abstraktum verständlich. Ihr Wirkungsradius hängt zunächst von der Art der Abstraktion ab. Im Sinn dieser Abstraktion ist im Umfang jenes ‚Radius' eine Menge von Objekten nichts anderes als ein austauschbarer Repräsentant für ein Individuum des Zahlbereiches. Im weiteren kommt dann eine große Mannigfaltigkeit der zahlenmäßigen Erfassung der Gegenstandswelt dadurch zustande, daß die Zahl und die auf ihr aufbauende Mathematik in den verschiedensten Hinsichten zum Greifen kommt. Der Charakter der zahlenmäßigen Erfassung ist dabei jedoch stets derselbe, sowohl in der direkten (unmittelbar auf Größen gehenden) Anwendung als auch für die mittelbar (in physikalischen Gesetzen) verwendete Mathematik.

Das Mathematische, sagt Heidegger in ‚Die Zeit des Weltbildes'[25] , bedeutet für die Griechen wörtlich das ‚Schon-Bekannte'. Hiervon wiederum sind die ‚Zahlen' das gleichsam aufdringlichste Immer- schon-Bekannte. So ist verständlich, daß bald „das Mathematische als Benennung dem Zahlenmäßigen vorbehalten" (ebd.) wurde. Doch würde man fehlgehen, würde man das Wesen des Schon-Bekannten,

[24] M. Heidegger, Grundfragen der Philosophie, S. 179.

[25] M Heidegger, Die Zeit des Weltbildes, S. 72.

insbesondere gar des Schon-Bekannten der modernen Wissenschaften durch das Zahlenhafte bestimmen. Auch in Antike und Mittelalter wurde mit Zahl und Maß gearbeitet, ohne daß hier mathematische Wissenschaft im modernen Sinne betrieben wurde. Was die mathematische Naturwissenschaft zur exakten Wissenschaft macht, ist nicht durch Hinweis auf das Mathematische zu klären. Aber umgekehrt kann gesagt werden, daß das Schon-Bekannte der modernen ‚exakten' Naturwissenschaft von der Art ist, daß es eine besondere mathematische Formulierung dieser Wissenschaft verlangt. Die Entbergungsweise der modernen Naturwissenschaft verlangt eine bestimmte Art von Mathematik, d.h. eine Mathematik, deren Sicherheit auf besondere Weise und in bestimmter Hinsicht begründet wird. Es zeigt sich, daß durch die Forderung der ‚Exaktheit der Forschung' gemeinsame Bedingungen an Mathematik und mathematische Naturwissenschaft, dies sogar mit Einschluß der Logik, gestellt werden. Dadurch wird nicht zuletzt erklärlich, daß die Grundlagenkrisen und Grundlagendiskussionen auf gemeinsame oder verwandte Probleme lenken.

Wird zugleich auf die sog. ‚Anwendung' mathematischer Theorien geachtet, dann wird jetzt mit dem Gesagten dieses besonders deutlich: Das Konstruieren von Figuren durch Kalkülregeln dient einer anderen Art des Herstellens als sich im griechischen Wort ‚πoίησις' ausdrückt. Der Kalkül wird durch das gesicherte, für die anwendungsreichen Wissenschaften vereinbarte, Festliegen operativ verfügbarer Regeln zum besten Instrument der Naturbeherrschung. Und wenn wir nur das ‚vollständig einsehen', was wir nach Regeln wenigstens der Ähnlichkeit nach selbst machen und zustandebringen können, dann ist diese Art des Machen-könnens eine Forderung an die ‚exakte Naturwissenschaft'. Damit ist es aber zugleich eine Forderung an die Mathematik. Bei der Mathematik selbst entfällt sogar die Einschränkung ‚der Ähnlichkeit nach', denn jene Bemerkung bezog sich auf die

Physik als empirische Wissenschaft, die zugleich mit der Mathematisierbarkeit die Bedingung des analogen Machenkönnens erfüllt. Der schon in der Einführung zitierte Kantische Satz aus der Vorr. der ‚Metaphys. Anfangsgründe', daß „in jeder Naturlehre nur so viel eigentliche Wissenschaft angetroffen wird, als sich darin Erkenntnis a priori befindet", mithin „Mathematik in ihr angewandt werden kann", wirkt sich nicht zuletzt als Forderung an die in den Wissenschaften angewandte Mathematik aus.

In den jetzt folgenden Abschnitten wird der konstruktive Aufbau von Mathematik und Logik skizziert. Sofern die Fragen, die die ‚Sicherheit' des Aufbaues betreffen, in den Bereich der heute noch lebendigen Grundlagendiskussionen gehören, wird deutlich werden, daß es sich dabei um ‚übergreifende' Grundlagenprobleme handelt.

G. Elemente des modernen Wissenschaftsbegriffes

I. Der ‚Kalkül'. Ein endliches Regelsystem — bezogen auf ein endliches Alphabet

Wer mit einsichtigen wahren Sätzen (als Axiomen) und einsichtigen Schlußverfahren weitere wahre Sätze beweist, könnte ein formales Ableitungsverfahren (einen Kalkül) als ein für sich erlernbares Mittel einstufen, das ihm zum schnelleren Vollzug des Überganges von wahren Sätzen zu wahren Sätzen dienlich ist. Seine Aussagen beziehen sich dann nicht auf den Kalkül, vielmehr wird der Kalkül als Ableitungsverfahren für Aussagen eigenen Inhalts benutzt. Sieht man nun aber vom Inhalt der Sätze völlig ab, so kann man die Ableitbarkeitsbehauptung (einer Figur in einem Kalkül) selbst als eine Aussage über ein Objekt, nämlich als Aussage über einen Kalkül ansehen. Für die konstruktive Mathematik wäre eine solche Ableitbarkeitsbehauptung in der Tat eine Aussage über ein Objekt, gehörte allerdings — was generell die Aussagen über Kalküle betrifft — zur einfachsten Art derartiger Aussagen. Immerhin ist der Kalkülbegriff als Begriff eines Objektes, auf das sich konstruktive Behauptungen beziehen, ein Fundamentalbegriff der konstruktiven Mathematik.

Es ist hier nicht der Ort, im einzelnen den Aufbau eines Kalküls zu erläutern. Ebenso muß eine Bekanntschaft mit den konstruktiven Grundbegriffen der ‚Aufzählbarkeit' und ‚Entscheidbarkeit' vorausgesetzt werden. Es geht in den vorliegenden Überlegungen um einen übergeordneten Zusammenhang, zu dessen Klärung auf diese ‚Elemente' zurückgegriffen werden muß. Mathematik will sichere Beweise führen können. Welche Maßstäbe der Sicherheit können hier angelegt werden? Die formalistische Forderung, daß eine mathematische Theorie selbst durch einen Kalkül formuliert wird, ist aufs Ganze gesehen zu scharf (würde Mathematik zu sehr einschränken), gibt jedoch dort, wo sie streng durchführbar ist, besondere Sicherheiten. Zwei Fälle sind zu unterscheiden: 1. Der Kalkül ist entscheidbar (gleichbedeutend: sowohl die ableitbaren als auch die nicht ableitbaren Ausdrücke sind aufzählbar). Hier besteht der große ‚Vorteil', daß jede Beweisbarkeitsbehauptung bzgl. eines Ausdrucks in endlich vielen Schritten entschieden werden kann. 2. Der Kalkül ist unentscheidbar. Eine Beweisbarkeitsbehauptung kann jetzt nicht selbst algorithmisch entschieden werden, aber es kann ein vorgelegter Beweis auf seine Korrektheit hin geprüft werden. Es ist in endlich vielen Schritten entscheidbar, ob der vorgelegte Beweis korrekt geführt wurde oder nicht.

Ohne nähere Kenntnis sieht es zunächst so aus, als sei die exakte Prüfbarkeit von Beweisen eine unerläßliche Bedingung für jede sinnvolle Mathematik. Ist damit ‚Prüfung nach einem generell festgelegten Verfahren' gemeint, so bliebe man beschränkt auf kalkülisierbare Theorien. Bekanntermaßen läßt sich aber nicht einmal Arithmetik im umfassenden Sinne auf einen festen Kalkül bringen. Wir wollen daher die Frage beantworten:

Unter welchen Bedingungen können Behauptungen als sinnvoll anerkannt werden, für die kein generelles Beweisverfahren (Kalkül) festgelegt ist?

Zweifellos wäre die Situation für die Mathematik unerträglich, daß Behauptungen aufgestellt würden, bei denen nicht zu sehen ist, wie sich jemals ihre Wahrheit oder Falschheit herausstellen könnte. Man bemerkt aber sofort, daß eine Zurückweisung der Möglichkeit einer solchen Situation nicht an die Kalkülisierbarkeit der Theorien gebunden ist. Schon wenn ein generelles Widerlegungsverfahren festgelegt ist (wie z. B. beim großen Fermatschen Satz), leuchtet die Sinnhaftigkeit der Behauptung sofort ein. Eine Behauptung ist dann nicht mehr ‚beweisdefinit', sondern vielmehr ‚widerlegungsdefinit'. Aber es kann leicht ein noch allgemeinerer Standpunkt eingenommen werden. Eine Behauptung heiße beweis- oder widerlegungsdefinit, wenn eine Rechtfertigung bzw. Zurückweisung mit Hilfe von ihrerseits beweis- bzw. widerlegungsdefiniten Behauptungen (die als berechtigt angesehen werden) gegeben werden kann. Der Begriff ‚sinnvoll' (definit) wird dann durch eine ‚induktive Definition' von endlicher Stufung festgelegt. Beweise für derart ‚definite' Behauptungen sind nun zwar ‚freie Beweise' (nicht notwendig als Ableitung in einen Kalkül zu führen), aber es gibt doch Gesichtspunkte für die Leistung eines Beweises einer definiten Behauptung, die beachtet werden müssen. Wer einen Beweis besitzt, muß auf Grund dieses Beweises sicher gegen Widerlegung sein, und er muß damit rechnen, daß ein Widerlegungsversuch mit Behauptungen geführt wird, die ihrerseits bewiesen werden mit Mitteln, in denen auch wieder eine ‚Sicherheit gegen Widerlegung' bemüht und gegebenenfalls besessen wird. Diese Schilderung einer ‚Beweisstrategie' ist bewußt so abgefaßt, daß sie mit P. Lorenzens ‚Gewinnstrategien' (der sog. ‚dialogischen Logik')[1] übereinstimmt. Man denke etwa an eine mathematische Behauptung, die mit logischen Partikeln gebildet ist. Wer z. B. behauptet „Es gibt ein y derart, daß für alle x non A (x,y) gilt", — hat für seine Strategie daran zu denken, daß er diese Behauptung durch Vorgabe eines n mit „ für alle x gilt non A (x,n)" rechtfertigen kann, daß aber diese Behauptung eventuell durch A (k,n) mit geeignetem k widerlegt werden könnte. Der ‚freie Beweis' muß ihm also die Sicherheit geben, daß sich ein n wählen läßt, für das es irgendein erfolgreich ‚opponierendes' k nicht gibt. Diese Sicherheit stimmt hier in der Tat mit der Sicherheit durch eine ‚Gewinnstrategie' (zu einem diesbezüglichen Dialog) überein. Unser hiesiger Aspekt ist jetzt jedoch nicht das Detail, sondern vielmehr der Charakter der ‚Sicherheit' (Definitheit), der erhalten bleibt, wenn man — wie unumgänglich —

[1] P. Lorenzen/K.Lorenz, Dialogische Logik, Darmstadt 1979.

nicht auf kalkülisierte Theorien beschränkt bleiben will. Es sei ausdrücklich hervorgehoben, daß nun zwar Theorien, die in Kalkülen formuliert sind, überschritten werden, nicht jedoch ein Denken, das sich auf Kalküle bezieht und Einsichten gewinnt, die letztlich gerichtet sind auf etwas, das wir als sicher Verfügbares selbst hergestellt haben.

Daß die Überschreitung des Kalkülisierbaren keine überflüssige Lockerung ist, sieht man am schnellsten, wenn man an induktive Definitionen (z.B. von Funktionen und Mengen) denkt, die mittels Aussageformen und Quantoren (alle, es gibt) gebildet sind. Dabei sei vorausgesetzt, daß diese Quantoren in der vollen Weite gefaßt sind, wie sie u.a. von G. Gentzen für das intuitionistische ‚natürliche Schließen' formuliert wurden.[2] Bekanntermaßen ist für verschiedene Fälle gezeigt worden, inwiefern die inhaltliche Unvollständigkeit (und ebenfalls auch die formale Unentscheidbarkeit) einer axiomatisch- deduktiven Theorie an der zwangsläufig unzureichenden axiomatischen Festlegung der Quantoren hängt. Löst man sich in der angedeuteten Weise von derartigen Theorien (behält sie eventuell für spezielle Ausschnitte bei), so bleibt ein von Kalkülen ausgehendes (sie aber sogleich selbst zum Objekt der Betrachtung machendes) konstruktives Vorgehen erhalten , dessen kräftigstes Mittel die induktiven Definitionen sind, und das insgesamt durch ein Zusammenspiel von Konstruktion und Abstraktion gekennzeichnet werden kann.

Zur Abstraktion bleibt noch folgendes zu ergänzen : Die Abstraktion, das Absehen vom Irrelevanten, wird traditionell so eingeführt, daß zwei Elemente, die sich nur im Irrelevanten unterscheiden, zur selben Äquivalenzklasse gehören. Diese Äquivalenzklassen werden dadurch festgelegt, daß ihre Elemente untereinander eine ‚Äquivalenzrelation' (Reflexivi-

---

[2] G.Gentzen, Untersuchungen über das logische Schließen, Math. Z. 39 (1934). Nachdruck: Darmstadt 1969 , S. 8 ff.

tät und Komparativität) erfüllen. Der Umweg über den Begriff der ‚Klasse' ist hier nicht unproblematisch. Die Berufungsinstanz ist gar nicht der Begriff einer Klasse von ‚beliebigen' Elementen gewisser Art. Wenn der Klassenbegriff bemüht wird, um sagen zu können, die Abstraktion bestehe in der Identifizierung von Elementen derselben Klasse, dann wird hiermit der Kernpunkt der Abstraktion nicht optimal herausgestellt. Denn der Sinn der Abstraktion besteht darin, nach vorangehender Festlegung einer Äquivalenzrelation zwischen Elementen die Aussagen über diese Elemente auf solche Aussagen einzuschränken, die invariant gegenüber Austausch von äquivalenten Elementen sind. Welche besondere Rolle invariante Aussagen als Aussagen über Elemente mit Repräsentativcharakter haben können, war im vorangehenden Abschn. F. bereits deutlich geworden.

II. Sprachbezug und Spracherweiterung in der Mathematik

Beschränkt man sich bei der Konstruktion von unendlich vielen Funktionen und Mengen auf ein endliches Alphabet einer zugrunde gelegten Sprache, so bleibt man verständlicherweise im Bereich abzählbar vieler Funktionen bzw. Mengen (die auf die Menge der natürlichen Zahlen eineindeutig abbildbar sind). Versuchen wir nun eine Funktion zu definieren, die für alle mit Mitteln einer festen Sprache definierbaren Mengen natürlicher Zahlen eine eindeutige Zuordnung zu natürlichen Zahlen erklärt, so ist dabei ein Fehlschluß naheliegend. Es wäre nämlich ein Irrtum zu meinen, diese Funktion und damit eine Abzählung M_n ließe sich als solche in derselben Sprache definieren. Wäre dies der Fall, dann ließe sich in einer gewissen Analogie zum berühmten Cantorschen Diagonalschluß eine Menge bilden, zu der ein Element genau dann gehören müßte, wenn es nicht zu ihr gehörte.[3]

Natürlich läßt sich jede endliche Sprache stets in einer Weise endlich erweitern, daß die neu erklärte Menge K in der Erweiterung mit definierbar wird. Nur ist dann die bisherige Zuordnung Z (die ‚allen' M eineindeutig ein n zuordnet) nicht mehr eine Zuordnung ‚aller' bildbaren Mengen zu natürlichen Zahlen. Der Satz „Z ist Zuordnung aller Mengen natürlicher Zahlen zu natürlichen Zahlen" erweist sich als nicht invariant gegenüber Spracherweiterung. Ist ein Konstruktionsprozeß von Mengen auf eine feste Sprache bezogen, so wollen wir ihn mit P. Lorenzen ‚definit' nennen, und auch eine konstruierte Menge von Mengen heiße ‚definit'.[4] In diesem Sinne können nicht nur Mengen von Mengen natürlicher Zahlen, sondern analog auch Mengen von reellen Zahlen ‚definit' sein.

In der klassischen Mathematik fingiert man eine Mächtigkeit der ‚Menge aller reellen Zahlen' bzw. der Potenzmenge der Menge der natürlichen Zahlen. In der konstruktiven Mathematik wird keine solche Potenzmenge zugrundegelegt, sondern es kann zunächst durch eine Konstruktionsvorschrift (bezogen auf eine feste Sprache) eine definite Menge von Mengen (bzw. Menge von reellen Zahlen) erklärt werden. Solche definiten Mengen sind — im oben schon genannten Sinn — auf die Menge der natürlichen Zahlen abbildbar. Darüber hinaus hat es dann auch einen Sinn, von der ‚indefiniten' Menge aller definiten Mengen von reellen Zahlen zu sprechen. Gemeint ist hier aber, daß der Konstruktionsprozeß ‚offen' gelassen wird und nur solche Sätze für die indefinite Menge als bewiesen angesehen werden, bei denen der Beweis invariant gegenüber Spracherweiterung ist. Das Indefinite kommt hier dadurch in die Mathematik, daß der

[3] Seien die Mengen M durch die Zuordnung M_n abzählbar, dann läßt sich eine Menge K durch: (n Element von K) ≡ (n nicht Element von M_n) erklären, die kein schon definierbares M sein kann. Denn würde man in diesem Falle K ≡ M_i wählen , so erhielte man den Widerspruch: (i Element von M_i) ≡ (i nicht Element von M_i).

[4] P. Lorenzen, Differenzial und Integral, Frankfurt a. M, 1965, S, 38.

Sprachbezug als ‚beliebiger' (u.a. bezogen auf Sprachkonstruktionen, deren Durchführung in der Zukunft liegt) offen gelassen wird. Auch Variable können sich in diesem Sinne auf ‚beliebiges' (Aussagen, Funktionen, Mengen u.a.) beziehen. Sie heißen dann ‚indefinite' Variable. Quantoren vor indefiniten Variablen heißen ‚indefinite' Quantoren.

In der klassischen Mathematik unterstellt man, Cantor habe durch einen Widerspruch zur Abzählbarkeit der Menge der reellen Zahlen die Überabzählbarkeit dieser Menge bewiesen. Hier gibt es einen besonders gravierenden Unterschied zur konstruktiven Mathematik: Von ‚allen' reellen Zahlen kann man nur sprechen im Sinne eines ‚offenen' (stets fortsetzbaren) Konstruktionsprozesses. Eine Abzählbarkeit ‚der' reellen Zahlen ist daher auch nur in dem Sinne widerlegbar, daß es zu jeder definiten Menge reeller Zahlen noch eine Erweiterung gibt. Die Notwendigkeit, von einer Überabzählbarkeit in der konstruktiven Mathematik überhaupt zu sprechen, entfällt. (Keineswegs entfällt natürlich konstruktive Fortsetzung der Ordinalzahlen über Omega hinaus.) Es ist aber nicht die Hauptpointe der konstruktiven Mathematik, daß sie sich gegen das ‚Überabzählbare' wendet. Schon H. Weyl erkannte frühzeitig einen fast alltäglichen Verstoß der Analysis gegen eine konstruktive Sicherheit. Nennen wir mit Hermann Weyl eine bereits konstruierte (definite) Menge reeller Zahlen einen Kapa-Kreis. Als in ihm liegend sei eine Menge A reeller Zahlen erklärt[5]. Nun erkläre man mittels einer konzentrierten Folge rationaler Zahlen eine reelle Zahl, die die Bedingung erfüllt, daß es zu jeder rationalen Zahl aus der genannten Folge ein Element aus A gibt, das mit dieser Zahl in einer bestimmten Beziehung steht (daß z. B. die rationale Zahl zu den definierenden Zahlen der jeweiligen reellen Zahl aus A gehört). Dann ist es zwar möglich, aber keinesfalls zwingend, daß die neu konstruierte Zahl zu den bereits konstruierten reellen Zahlen gehört. Spricht man

[5] H. Weyl, Über die Grundlagenkrise der Mathematik, Berlin 1921, S. 2 ff.

unreflektiert von ‚allen' reellen Zahlen, so verfährt man so, als gehörten eben ‚alle', einschließlich der neu konstruierten, zu einem gegebenen Kapakreis. Definitionen der genannten Art (dazu gehört auch die traditionelle Definition der ‚oberen Grenze') sind ungeklärt und von dem soeben geschilderten konstruktiven Standpunkt aus ‚zirkelhaft'. Hier liegt eine verborgene Quelle für Widersprüche, die bisweilen durch Adhoc-Forderungen (z.B. in der axiomatischen Mengenlehre) zwar umgangen, aber nicht grundlegend ausgehoben werden. Daß es sich hier um eine grundsätzliche Situation handelt, resultiert aus dem beweisbaren Satz, daß jede (gerade auch dichte) definite Menge reeller Zahlen unvollständig ist.

III. L. E. J. Brouwer und das Fundament von Logik und Mathematik Die philosophische Relevanz der Arbeiten Brouwers

Zum Begriff ‚konstruktiv' ist ein Nachtrag angebracht, der diesen Namen — gemessen an seiner Bedeutung — nicht verdient. Es geht um die Sonderrolle, die Mengen von Wahlfolgen (und besonders der Begriff der Wahlfolge als ‚Element' dieser Mengen) im Zusammenhang mit der Frage der Tragweite ‚konstruktiver' Begründungen spielen. Von einer großen Bedeutung zu sprechen, ist nicht zuletzt deshalb berechtigt, weil eine Besinnung auf die Grundgedanken Brouwers zeigt, wie wenig ‚logisch- mathematisches' Denken damit rechnen kann, jemals endgültige Fundamente gelegt zu haben.

L.E.J. Brouwer[6] hat die konstruktive Mathematik dadurch sehr bereichert, daß er sie zwang, sich über die Rolle jener

[6] Die folgende Darstellung zum ‚Intuitionismus' nimmt auf Heytings Darstellung Bezug. Vgl. A. Heyting, Intuitionism. An Introduction. Amsterdam 1956. Zur Definition von ‚gleich' und ‚getrennt' s. Kap. II,2, für die kontrover-

nach ihm benannten Brouwer-Mengen von Wahlfolgen (auch ‚spreads' — bzw. bei endlich vielen Wahlmöglichkeiten in jedem Schritt: ‚Fans' — genannt) nähere Gedanken zu machen.

In der klassischen Mathematik werden gesetzlich bestimmte Folgen behandelt oder auch beliebige Folgen, von denen kein Gesetz bekannt ist, die aber im Grunde nicht anders konzipiert sind, als seien sie ‚an sich' durch ein Gesetz bestimmt. Durch gesetzlich bestimmte Folgen rationaler Zahlen läßt sich eine reelle Zahl erklären, wenn man diese Folge an eine Konvergenzbedingung im Sinne eines ‚Cauchy-Kriteriums' (etwa das sog. 2. Kriterium) bindet. Durch Aufzählung gesetzlich bestimmter reeller Zahlen läßt sich das Kontinuum aber nicht ausschöpfen. Spricht man von ‚beliebigen' reellen Zahlen, so umgeht man diese Schwierigkeit nicht. Im Gegenteil: Diese Redeweise verleitet zu unbedachtem Umgang mit dem Begriff einer Menge von reellen Zahlen. Anders steht es mit dem im letzten Abschnitt eingeführten Begriff der ‚definiten Menge' und der offengelassenen Mengenkonstruktion. Er erlaubt es, sich dem Kontinuum vom konstruktiven Standpunkt aus in angemessener Form zu nähern.

Brouwer schlägt einen anderen Weg des konstruktiven Vorgehens vor. Zwar werden die Schwierigkeiten, die das Konzept der offengelassenen Mengenkonstruktion ins Leben riefen, durch Brouwer nicht aus der Welt geschafft. Jedoch verlegt Brouwer den Begriff der ‚Offenheit' an eine andere Stelle.

Ein spread (eine Brouwermenge) wird durch eine Vorschrift erklärt, die sich auf eine durch freie Wahl sukzessiv fortsetzbare endliche Folge bezieht und dabei die freie Wahl

sen Fragen insbes.: Kap. VIII. Heyting gibt hinreichend Beispiele und Verweise auf Brouwers Originalarbeiten. Das Prinzip der Bar-Induktion einschließlich eines Beweises des Fan-Theorems aus der Bar-Induktion wurde in die 4. Auflage (1980) S. 43ff aufgenommen.

zwar einschränkt, aber nicht aufhebt. Z.B. kann ein spezieller spread durch eine frei wählbare konzentrierte Folge rationaler Zahlen erklärt sein. Man denke etwa an ein durch freie Wahl fortlaufend zu verlängerndes Anfangsstück der Dezimalbruchentwicklung einer reellen Zahl (wobei man sich im klaren darüber sein muß, daß zu keiner Zeit die reelle Zahl voll ‚individualisiert' ist). Geht man von einem abgeschlossenen Intervall aus, das für die Wahlmöglichkeiten schrittweise genauer unterteilt wird, so kann man das Kontinuum der reellen Zahlen des Intervalls in dieser Weise durch einen Fan repräsentieren.

Somit ist nahegelegt, folgendes genau zu unterscheiden:

1. Die einzelne reelle Zahl, die durch ein Gesetz voll bestimmt ist.
2. Die Menge der reellen Zahlen eines abgeschlossenen Intervalls, die durch den soeben beschriebenen Fan repräsentiert ist.

Hat man diese Unterscheidung getroffen, so ist die Frage nach einem weiteren Begriff unabweisbar. Insofern der Fan als Menge erklärt ist, stellt sich die Frage nach der Sinnhaftigkeit des Begriffs der ‚Elemente' dieser Menge. Wichtige Sätze beziehen sich z.B. auf alle ‚diejenigen reellen' Zahlen, die durch einen Fan als einer Menge von Wahlfolgen gegeben sind. Wie bereits angemerkt, können die einzelnen Wahlfolgen zu keiner Zeit der Entwicklung des Fan als voll individualisiert angesehen werden. Es bleibt vielmehr der Sachverhalt bestehen, daß Wahlfolgen als das zu nehmen sind, was der Name besagt: Frei zu wählende Folgen, über die als solche nur ein Wissen zu dem möglich ist , was nach endlich vielen Schritten bereits festliegt. Allerdings wird durch diesen Charakter der Wahlfolgen keineswegs ausgeschlossen, daß in vielen Fällen — etwa bei Beweisen unter indirekten Annahmen — Zusatzvoraussetzungen zur Verfügung stehen, unter denen eine bestimmte Wahlfolge ad infinitum festgelegt ist. Doch auch dies ändert nichts an dem Sachverhalt, daß die

Wahlfolge als solche eine frei zu wählende Folge ist, die zu jeder Zeit nur bis zu einem gewissen Stand entwickelt sein kann.

Eine letzte Vorbemerkung betrifft die vielleicht umstrittenste Besonderheit des Brouwerschen Konzeptes. Brouwer läßt bei der sukzessiven Bestimmung von Folgengliedern auch solche Festlegungen zu, die vom Faktum einer zu einer bestimmten Zeit besessenen Kenntnis abhängen, z.B. von der Kenntnis, ob ein bisher unentschiedener Satz der Mathematik zum Zeitpunkt der Bestimmung entschieden ist oder nicht. Es leuchtet ein, daß bei Beispielen der letzteren Art besonders gelagerte Fragen auftreten (vgl. ein weiter unten angegebenes Beispiel).

Nach diesen Vorbemerkungen vergegenwärtigen wir uns einen prinzipiellen Punkt: Zwei reelle Zahlen, die durch Cauchy-Folgen definiert sind, gelten im üblichen Sinn als gleich, wenn sich zu jeder vorgegebenen natürlichen Zahl k eine Länge n der Folgenentwicklung von der Art angeben läßt, daß bei dieser Länge die zugehörigen Folgen den Abstand 1/k unterschreiten. Sie liegen ‚getrennt', wenn von einem Entwicklungsstand ab die Folgenglieder einen festen Abstand nicht unterschreiten. Bedenkt man das Neuartige des Brouwerschen Konzeptes der Wahlfolgen, so wird man nicht erwarten, daß ‚getrennt- liegen' und ‚nicht-gleich-sein' zusammenfallen. Ein später angeführtes Beispiel wird zeigen, daß mit Ersterem eine schärfere Bedingung erhoben ist. Allgemeiner wird sich herausstellen. daß die Veranschaulichung des ‚Kontinuierlich-liegens' der reellen Zahlen eine gewisse Ähnlichkeit mit Aristotelischen Vorstellungen zum Begriff ‚kontinuierlich' hat. Ein genauerer Zugang erschließt sich aus dem sog. Fan-Theorem, das sich aus einer besonderen Art von Induktion erhalten läßt. Brouwer gewinnt das Fan-Theorem mit Hilfe der allgemein auf spreads bezogenen Bar-Induktion. Letztere beweist er mit Mitteln, die wiederum Zusatzdiskussionen zur Beweismethode provoziert haben. Es ist daher sinnvoll, zunächst das kaum bestreitbare Fan-Theorem selbst einzuführen (seinen Beweis zu skizzieren) und erst danach auf die Zusatzdiskussionen einzugehen.

Sei eine Abbildung erklärt, die jedem Element des Fan eine natürliche Zahl zuordnet. Dann besagt die Behauptung des Theorems, daß für die Schrittzahl zur Berechnung der Funktionswerte ein generelles Maximum existiert. Zunächst läßt sich unter konstruktiven Grundannahmen zeigen, daß der Funktionswert für jedes Element schon nach endlich vielen Schritten festliegen muß. Durch diese Bedingung wird eine Menge endlicher Folgen ausgezeichnet, bei der jedes Mengenelement ein Segment eines Pfades des Fan darstellt, nämlich genau denjenigen Teil des Pfades, der für die Berechnung hinreichend ist. Die derart ausgezeichnete Menge möge ‚Schrankenmenge' heißen. Die Schrankenmenge ist ‚abtrennbare' Teilmenge einer anderen (leicht zu veranschaulichenden) Menge von endlichen Folgen des Fan. Es handelt sich um die Menge derjenigen endlichen Teilfolgen von Pfaden, für die zu jedem ‚Fortsetzungspfad' (der jene Teilfolge enthält) die zugehörigen Funktionswerte nach einer generellen Schrittzahl festliegen. Die Elemente der Schrankenmenge erfüllen diese Eigenschaft unmittelbar , d. h. die Schrankenmenge ist trivialerweise Teilmenge. Wie sich unschwer erkennen läßt, ist jene Eigenschaft der umfassenden Menge ‚nach oben vererblich'. Diese ‚Vererblichkeit nach oben' liefert den Ansatzpunkt für den besonderen Brouwerschen Gedanken der ‚Bar-Induktion', die auch in allgemeineren Fällen (s.u.) anwendbar ist, sofern ein endlicher, konstruktiver Beweis die Existenz einer Schranke zuvor sichergestellt hat. Im vorliegenden speziellen Fall kann zusätzlich ausgenutzt werden, daß ein Fan nur endliche Verzweigungen besitzt. Und in der Tat hängt die erwähnte Vererblichkeit der hier in Frage stehenden Eigenschaft entscheidend davon ab. Das Ergebnis der Anwendung der Bar-Induktion lautet dann: Auch das Ausgangselement des Fan ist Teilfolge nur solcher Pfade, bei denen nach einer generell bestimmbaren Schrittzahl der Funktionswert festliegt, d.h. für alle Elemente des Fan liegt der Funktionswert spätestens nach diesen endlich vielen Schritten fest (Fan-Theorem).

Eine in unserem Zusammenhang besonders wichtige Folgerung aus dem Fan-Theorem ergibt sich, wenn wir ein abgeschlossenes Intervall des Kontinuums durch einen Fan repräsentiert denken und eine reelle Zahlfunktion über diesem Intervall betrachten. Eine vorgegebene Stelle der Dezimalbruchentwicklung der Funktionswerte liegt dann bereits nach einer generellen Schrittzahl der Entwicklung des Argumentwertes fest, und es wird deutlich, daß eine bestimmte Genauigkeit des Funktionswertes generell durch eine bestimmte Genauigkeit des Argumentwertes gesichert ist. Jede reelle Zahlfunktion, die auf einem abgeschlossenen Intervall des Kontinuums erklärt ist, ist dort gleichmäßig stetig. Eine Folge hiervon ist, daß das tertium non datur seine allgemeine Gültigkeit (im Allsatz) verliert und speziell falsch wird. Sei ‚rat(r)' die Behauptung ‚r ist eine rationale Zahl' , dann wird — bezogen auf ein abgeschlossenes Intervall — die klassische Behauptung falsch: , Für alle r gilt: rat(r) oder non rat(r)'. Denn unter der Voraussetzung dieser Behauptung könnte eine Funktion f(r), die die möglichen Werte 0 und 1 besitzt, und für die f(r)=1 bei ‚rat(r)' und f(r) = 0 bei ‚non rat(r)' gilt, überall im Intervall erklärt sein. Nach dem Satz von der gleichmäßigen Stetigkeit müßte eine solche Funktion überall den Wert 1 haben, wenn es überhaupt eine rationale Zahl gibt. Dann aber könnte es keine nicht-rationale Zahl im Intervall mehr geben, was offensichtlich absurd ist. Etwas allgemeiner formuliert hat der Satz von der gleichmäßigen Stetigkeit die Konsequenz, daß ein abgeschlossenes Intervall der reellen Zahlen keine echte ‚abtrennbare' Teilmenge (Teilspecies) hat, d.h. keine Teilmenge, die gemäß der Definition von ‚abtrennbar' zusammen mit der Restmenge die Intervallmenge bildet, derart daß die Elemente der Restmenge unmöglich zur Teilmenge gehören können. Kurz: Das Intervall läßt sich nicht ‚spalten' (split) in echte Teilmenge und Restmenge.

Wer ein Beispiel für die Ungültigkeit des klassischen tertium non datur (bezogen auf Allaussagen) unabhängig vom Bezug auf die reellen Zahlen wünscht, möge sich an das folgende halten:

Betrachtet werde eine Zuordnung der Zahlen 0 oder 1 zu einigen Elementen eines Fan. Der klassische Logiker würde im Sinne des ‚tertium non datur' für quantifizierte Aussagen behaupten: Entweder gibt es ein Element, dem keine Zahl zugeordnet ist, oder allen Elementen ist eine Zahl zugeordnet. Widerlegt wäre ihm die Alternative, wenn gezeigt werden könnte: 1. Die Negation der Aussage, daß es ein Element gibt, dem keine Zahl zugeordnet ist, und 2. die Negation der Aussage, daß allen Elementen eine Zahl zugeordnet ist. Beides zusammen ist hier jedoch widersprüchlich. Auch in der konstruktiven Logik wäre (wenn man den Wahlfolgenbezug einmal außer acht läßt) die genannte Alternative zwar nicht beweisbar, aber auch nicht widerlegbar. Für ein geeignetes Beispiel zu einem Fan aber sieht die Situation anders aus. Die beiden klassisch widersprüchlichen Behauptungen können im besonderen Fall beide bewiesen werden. Es geht um ein Beispiel, bei dem im Sinne des konstruktiven Grundansatzes eine Zahlzuordnung , wenn sie nicht im Kontext einer Zusatzvoraussetzung erfolgt, nur dort gegeben ist, wo sie nach endlich vielen Schritten erfolgt. Die erste Absurdität (d.h. der Teil 1 der Widerlegung der klassischen Alternative) wird aus der Annahme eines Elementes, dem keine Zahl zugeordnet ist, ableitbar. Hier nämlich wird der Umstand ausgenutzt, daß unter dieser Annahme gerade ein unendlicher Pfad gesetzlich bestimmt ist, dem als solchem dann doch eine Zahl zugeordnet ist, sodaß die Annahme zum Widerspruch kommt. Mit diesem Widerspruch ist der 1. Absurditätsnachweis vollzogen. Auf Grund der Besonderheit des speziellen Falles heißt das aber nicht, daß nun positiv bewiesen wäre: Allen Elementen ist eine Zahl zugeordnet. Denn dieses würde nach dem Fan-Theorem die Existenz einer maximalen Schrittzahl beinhalten. Und eine solche läßt sich bei dem betreffenden Fall trotz des Absurditätsbeweises für die Existenz eines Elementes, dem keine Zahl zugeordnet ist, gerade nicht angeben. Vielmehr läßt sich auch die andere Absurdität (d.h. Teil 2 der Widerlegung der klassischen Alternative) daraus ableiten, daß zu jeder Schrittzahl noch ein Pfad angegeben werden kann, dem keine Zahl zugeordnet ist, sodaß die Allbehauptung über den Weg einer Folgerung, die sich mit dem Fan-Theorem aus ihr gewinnen läßt, widerlegt ist. Die Ableitungen der beiden Absurditäten (die oben als 1. und 2. gekennzeichnet waren) stehen nicht im Widerspruch mit dem Sachverhalt, daß präzise gesprochen ‚einigen' Elementen Zahlen zugeordnet sind und daß die Zuordnung dort, wo sie nicht unter einer hypothetischen Annahme gesetzlich erfolgt, nach endlich vielen Schritten geschieht.

Die Bedeutung der Brouwerschen Gedanken wird nicht selten dadurch etwas ins Zwielicht gerückt, daß seine Leistung zwar betont, zugleich aber hervorgehoben wird, welche Zweifel und Kontroversen um seine Beweismethode der Bar-Induktion (mit deren Hilfe Brouwer das Fan-Theorem beweist) Anlaß zu Diskussionen gegeben haben. Nach Überzeugung des Verf. ist es erforderlich, die Situation so zu schildern, daß den Gedanken Brouwers kein Unrecht widerfährt.

Das Prinzip der Bar-Induktion lautet frei formuliert: Sei P die Schranke eines reinen spread und Q eine nach oben vererbliche Teilspecies der species der zulässigen endlichen Folgen (‚Knoten'). Ferner enthalte Q die Schranke. Dann lautet die Behauptung des Prinzips: Die Ausgangsfolge <> gehört zu Q.

Wichtig ist für dieses Prinzip die genaue Schrankendefinition. Die Schranke wird als eine abtrennbare Teilmenge der Menge der endlichen Folgen (Knoten) erklärt, durch die <>

beschränkt wird. Jede Fortsetzung des Anfangs <> — also jede Wahlfolgenentwicklung — besitzt eine gemeinsame endliche Folge mit der Schranke.

Die Heytingsche Darstellung der Bar-Induktion macht sehr deutlich, daß zum Beweis Gebrauch von einem zur Verfügung stehenden Existenzbeweis der ‚Schranke' gemacht wird, der ‚konstruktiv' geführt ist. Verständlicherweise wird die ‚Bar-Induktion' damit zum Untersuchungsobjekt für die Frage, was Brouwer unter ‚konstruktiv' verstanden habe. Obwohl dieser Gesichtspunkt legitim ist und Aufschlüsse verspricht, darf darüber nicht ‚zugedeckt' werden, daß auch die Bar-Induktion (man mag sie in einer Brouwer nahen Weise — wie Heyting es tut — oder mit Zusätzen in mehr axiomatischer Form formulieren) nicht erst das von ‚Irrtümern' gereinigte Ergebnis eines haltlosen Brouwerschen Gedanken ist. Aus der Heytingschen Formulierung läßt sich der tiefgreifende Grundgedanke Brouwers am schnellsten ablesen: Heyting macht in seinem Beweis zunächst deutlich, daß der benutzte konstruktive Schrankenbeweis nichts anderes zur Verfügung hat als die Erklärung des spreads und der Schranke einschließlich der Relation zwischen einer endlichen Folge und seinen unmittelbaren Nachfolgern. Daraus kann die Vererblichkeit (nach oben) der Beschränktheitseigenschaft aller beschränkten Knoten entnommen werden. Fragt man sich, wieso man wissen kann, daß <> beschränkt ist, so zeigt sich, daß die Schrankenkonstruktion eine Wohlordnungskonstruktion beinhaltet, deren Schritte einen Weg anzeigen, der über die jeweiligen Vorgängerknoten bis hin zum Anfang <> führt. Wenn ein Beweis für die Beschränktheit von <> die geschilderte kanonische Form hat bzw. Abweichungen sich — wie Brouwer behauptet und Heyting verdeutlichend unterstreicht — als überflüssige Zusätze oder wenigstens als rückführbar auf jene Form erkennen lassen, dann kann ein endlich geführter konstruktiver Beweis dafür , daß <> zur Menge der beschränkten Knoten gehört, unmittelbar umgeformt werden in einen Beweis dafür, daß <> zu Q gehört.

Zugegeben: Eine derartige Beweisart ist ungewohnt und mußte bei vielen Mathematikern das Verlangen nach axiomatischer ‚Ergänzung' aufkommen lassen. Hiergegen ist solange nichts einzuwenden, wie der springende Punkt nicht unkenntlich gemacht wird: Wird ein Wissen über spreads (die ein Sich-entwickelndes, Werdendes sind) in eine Voraussetzung aufgenommen, dann kann eo ipso ausgenutzt werden, daß der Beweis auf der Basis dessen geführt werden muß, was man bei einem endlichen ‚Entwicklungsstand' über einen spread wissen kann.

Auch eine weitere Brouwerkritik ist zwar verständlich, verdeckt jedoch ebenfalls einen wichtigen Punkt. Für die Sätze zum Brouwerschen Kontinuum kann, wie gezeigt wurde, das tertium non datur nicht ohne weiteres vorausgesetzt werden. Kehren wir daher noch einmal zu dem Punkt zurück, daß ein Getrenntliegen von reellen Zahlen eine schärfere Behauptung beinhaltet als ihr Nicht-gleich-sein. Die klassische Vorstellung, zwei reelle Zahlen seien entweder gleich oder — wenn nicht — getrennt (keine ‚dritte' Möglichkeit) ist also irreführend. Brouwer erläuterte dies am folgenden Beispiel, bei dem für eine reelle Zahl a das bewiesene ‚Nicht-gleich-sein' mit 0 mit der Unbewiesenheit des Getrenntseins verträglich ist. Die Entwicklung von a vollziehe sich nach Maßgabe eines ‚Konvergenzverhaltens' gegen 0 (genauer gemäß $a_n = 2^{-n}$). Dieses Konvergenzverhalten wird beibehalten, solange eine Aussage p nicht ‚getestet' ist . Andererseits ist das Beispiel so gewählt, daß nach einem Test von p der Wert der Entwicklung von a, der nunmehr zu wählen wäre, als definitiver Wert von a (a ungleich 0) festliegen soll. Zudem sei ‚testen von p' — wir kommen gleich darauf zurück — so erklärt, daß die Behauptung widersprüchlich ist, ein Test von p sei nachweislich (d.h. nicht nur zu einer bestimmtem Zeit) unmöglich. Bei diesem Beispiel ist ‚a = 0' absurd. Denn unter der Voraussetzung ‚a = 0' kann p unmöglich getestet sein. Andererseits würde sich aus ‚a getrennt von 0' folgern lassen, daß a einen festen Wert bei einem bestimmten Entwicklungsschritt annimmt, d.h. daß p vorher getestet ist. Zwar ist ‚a getrennt von 0' hier nicht absurd (denn diese Absurdität ist, nebenbei gesagt, wiederum absurd), aber ein Beweis hängt von einem Test zu p ab. Brouwer nennt — das ist zu ergänzen — eine Aussage getestet, wenn entweder ‚non p' oder ‚non non p' bewiesen ist. Beides zu negieren, wäre widersprüchlich, hieße die Ableitbarkeit einer Absurdität.

Sicherlich: a ist hier in Abhängigkeit vom Faktum eines auf p bezogenen Beweises erklärt (wo p ein bisher unentschiedener Satz der Mathematik sein möge). Auf Grund dieser Abhängigkeit der Erklärung eines a von einem Faktum wird die Definition (wie Heyting nicht verschweigt) nicht von allen Mathematikern als zulässige mathematische Definition anerkannt. Andererseits sollte nicht übersehen werden, daß sich Beispiele der genannten Art bestens einfügen in denjenigen Teil der Brouwerschen Gedanken, dem man die Anerkennung weit schwerer verweigern kann. Daher soll unerachtet der Kontroversen die Radikalisierung des genannten Beispieles (mit Hilfe des Fan-Theorems), die diese Rechtfertigung in verstärktem Maße bestätigen kann, nicht zurückgehalten, sondern im Kleindruck beigegeben werden.

Es geht um ein analog aufgebautes Beispiel, das sich jedoch auf eine reelle Zahlfunktion bezieht und das Fan-Theorem zu seinem Beweis bemüht.

Gegeben sei die reelle Zahlfunktion a(r), die auf einem abgeschlossenen Intervall des Kontinuums erklärt ist. Klassisch sollte man annehmen, daß es ein r gibt, für das a(r)=0 ist, oder daß für alle r: ‚a(r) getrennt von 0' gilt. Eine Widerlegung hierfür würde durch die folgenden zwei Sätze geleistet sein: 1. Für alle r gilt: non (a(r)=0), 2. Es gilt: non (für alle r: a(r) getrennt von 0'). Nach Brouwer/Heyting kann a(r) so gewählt sein, daß die genannten Widerlegungssätze (zu klassischen Vorstellungen) beide beweisbar sind. Es wird gezeigt, daß für jedes r gilt: a(r)=0 ist absurd. Ebenso gilt (weil das starke Fan-Theorem den Beweis der Negation der Allaussage erleichtert und damit ermöglicht): die Allbehauptung für das Getrenntliegen ist absurd. Die zugeordnete Behauptung p(r) (auf die sich jeweils ein Test bezieht) besage , daß r rational ist. Bezüglich a(r) sei das n. Glied von r zwischen dem n. und n+1. Glied von a gewählt. Ferner werde a(r) jeweils analog zum schon erörterten Fall (für einzelnes a) erklärt. Es gilt jetzt: ‚Für jedes r ist a(r)=0 absurd'. Fragt man andererseits nach den Folgerungen aus der Voraussetzung: ‚Für alle r: a(r) getrennt von 0', so ergibt sich aus den Besonderheiten der vorliegenden Konstruktion, daß p(r) für jedes r nach einem bestimmten Entwicklungsschritt von a (und damit von r und d.h. noch vor dem nächsten Schritt) getestet ist. Das Fan- Theorem liefert zusätzlich den Beweis, daß sich diesbezüglich eine generelle Schrittzahl finden läßt, nach der (und vor dem nächsten Schritt) jedes r getestet ist. Dies ist jedoch eine absurde Konsequenz aus der hypothetisch angenommenen Voraussetzung. Nichts steht im Wege, nach jener Schrittzahl ein r völlig frei (ungetestet bzgl. Rationalität) fortzusetzen. Damit ist auch der Beweis für die Absurdität der Voraussetzung: ‚Für alle r gilt: a(r) getrennt von 0' erbracht.

Die angeführten Überlegungen könnten den Eindruck der Spitzfindigkeit erwecken. Dieser Eindruck mag einigen besonders dort berechtigt erscheinen, wo sich die Begründungen nicht mehr auf wohlunterschiedene Fundamente für Logik, Mathematik und Physik stützen. Die Frage, auf welchem Boden (logischen, mathematischen oder gar empirischen) wir eigentlich argumentieren, war nicht so beantwortbar, daß sachkompetente Wissenschaftler einhellig zugestimmt hätten. Dennoch kann festgestellt werden: Zwar sind im Vorangehenden auch einige kontrovers diskutierte Punkte mit angesprochen worden, *der durchgehende Anspruch der Wissenschaftlichkeit und des ihr zugehörigen Grundzuges der Sicherheit war nirgends aufgegeben worden, und er mußte auch nicht aufgegeben werden.* Weil dies sich so verhält, sind die durch Brouwer aufgeworfenen Probleme für die Frage nach dem Grundzug der Wissenschaftlichkeit besonders aufschlußreich. Daß Problemstellungen auftreten, an die keiner gedacht hat, bevor sie sich im Zusammenhang der wissenschaftlichen Arbeit ergaben, ist bezeichnend für die hier vorliegende Situation. Zweierlei ist dabei besonders hervorzuheben. Es sind in neuem Zusammenhang und unter neuer wissenschaftlicher Maßgabe Fragen aufgetaucht, die in auffälliger Weise an eine Aristotelische Problematik (die weit vor der modernen Gliederung der exakten Wissenschaften zuhause ist) erinnern. Und zweitens: Gerade im Zusammenhang mit dieser Thematik stellt sich erneut die Frage, wo und wie über das ‚tertium non datur' sinnvollerweise entschieden werden könnte.

Die auffällige Affinität zu einer Aristotelischen Problematik läßt sich folgendermaßen vor Augen führen: Verzichtet man auf eine exakte Entsprechung in jedem Detail, dann läßt sich mit Aristoteles formulieren: Das Kontinuierliche ‚kann' geteilt werden (nicht in Punkte, sondern in Teile). Wer aber ‚wirklich' teilt, ‚trennt' das sich im Punkt ‚Berührende' und macht aus einem Punkt zwei Punkte. Und weiter: Auch das funktional Abhängige verdankt eine besondere Art von Kontinuität dem Zusammenhang des Kontinuums.[7]

Was das tertium non datur betrifft, so stellt sich die spezielle Situation so dar: Das tertium non datur (im Kontext von Allaussagen) und andere Sätze der klassischen Logik sind in der üblichen konstruktiven Logik lediglich unbeweisbar, während sie im Brouwerschen Intuitionismus sogar falsch werden. Offensichtlich ist für den Unterschied der Bezug auf Wahlfolgen verantwortlich. Ist es möglich, diesen Bezug als Sonderfall zu behandeln? Die Beantwortung dieser Frage hängt davon ab, welchen Status man den Wahlfolgen als Mengenelementen zugestehen will. Die Beantwortung dieser Frage sei für den nächsten Teilabschnitt aufgespart.[8]

IV. Formale Logik

Kant hat sich für die formale Logik in weit geringerem Maße interessiert als für die ‚transzendentale Logik'. Seine

---

[7] Aristoteles, Physik, Buch VIII, Kap. 8, 263 a., in Phil. Bibl. Meiner(1988), Bd. 381 , S. 215 f.

[8] Vgl. die Abschlußbemerkungen von G.IV.

Abgrenzung zur formalen Logik, besser gesagt, seine Ausgrenzung der formalen Logik aus seiner transzendentalen Grundfrage ist verständlich, denn die formale Logik hat es nach seiner Meinung nur mit ‚analytischen Urteilen' zu tun. Es bot sich für Kant geradezu an, seine zentrale Frage dadurch besser verständlich zu machen, daß er auf die bemerkenswerte Rolle nicht analytischer und gleichwohl apriorischer Urteile hinwies. Die scharfe Kritik des ‚Wiener Kreises' an dem Kantischen Versuch einer Begründung synthetischer Urteile a priori besitzt keine volle Durchschlagskraft. Die bekannten Verdienste dieser Schule sind unbestreitbar. Dennoch kann gesagt werden, daß das transzendentale Problem, das auf den Entwurf einer Wissenschaft rückzubeziehen ist, hier nicht angemessen im Blick war. Es ist zudem aufschlußreich, daß es gerade den Philosophen des Wiener Kreises widerfuhr, eine strenge Notwendigkeit in Frage stellen zu müssen für diejenigen Urteile, auf die in dieser Schule das Apriori-Wissen beschränkt werden sollte, nämlich für die ‚analytischen Urteile'.

‚Analytisch' wollte Carnap präzisieren durch: ‚nach Austausch von Synonymen logisch'. Nach Quines hartnäckiger Kritik am Bedeutungsbegriff mußte auch der Begriff der Synonymität noch weichen. Es genügt, in die Definition von analytisch ‚normierende Prädikatorenregeln'[9] mit aufzunehmen. Daß ein Junggeselle nicht weiblich ist, ist ein analytisches Urteil, sofern man Junggeselle per definitionem durch ‚unverheirateter junger Mann' ersetzt und sich zugleich zu folgender zweckmäßiger Normierung bekennt: Von ‚x ist männlich' kann übergegangen werden zu ‚x ist nicht weiblich'. Die normierenden Prädikatorenregeln sind natürlich keine empirischen Regeln, aber sie sind auch nicht unabhängig vom ‚Entwicklungsstand' einer empirischen Wissenschaft. Von diesem Entwicklungsstand nämlich hängt es ab, ob

[9] Vgl. P. Lorenzen, Lehrbuch der konstruktiven Wissenschaftstheorie, S. 183.

man sich gegebenenfalls entschließen wird, gewisse Prädikatorenregeln zu Gunsten von geeigneteren aufzugeben.

Was nun die formale Logik selbst betrifft, so wurde zunächst für die Aussagenlogik (in partiellem Anschluß an Quine) folgende weiter ausbaubare Erklärung präferiert: In den l-wahren Aussagen kommen die logischen Ausdrücke ‚wesentlich', die ‚deskriptiven' Ausdrücke jedoch unwesentlich vor. ‚Bonn liegt am Rhein oder Bonn liegt nicht am Rhein' ist l-wahr. Es ist für den Wahrheitswert (w) der Gesamtaussage unwesentlich, ob für ‚Rhein' das Wort ‚Elbe' oder ein anderes im Sinne der Syntax mögliches Wort stünde. Doch könnte man den Wahrheitswert dadurch ändern, daß man das Wort ‚oder' durch das Wort ‚und' ersetzt.

Wird Logik in dieser Weise eingeführt und ausgebaut, so kann man in einem eingeschränkten Sinne zustimmen, wird aber doch einen befriedigenden Aufschluß über das Wesen der Logik vermissen. Immerhin zeigt sich bereits folgendes: Nimmt man die Teilsätze einer logischen Verbindung für sich, dann kann man nicht sagen, daß die deskriptiven Ausdrücke ‚unwesentlich' seien. Was also macht in der Logik das für sich gesehen Wesentliche zum Unwesentlichen? Die Antwort liegt auf der Hand. Die Logik ‚gilt' in allen Wissenschaften unabhängig vom speziellen Inhalt. Alle Wissenschaften können die Kenntnis der logischen Wahrheit von Sätzen und der logischen Gültigkeit von Schlüssen für sich ausnutzen, sofern sie die logischen Partikel im Sinne einer generellen Festlegung verwenden.

Hier liegt ein erster Hinweis auf das Wesen der formalen Logik, das nach Auffassung des Verfassers am weitestreichenden bisher vom konstruktiven Gesichtspunkt aus begründet wurde. Unumgänglich für die Logik ist die Transitivität des Schließens, die dem Schließen ihre Durchgängigkeit (dies ist besonders wichtig bei unendlich vielen Aussagen!) verbürgt und nicht mehr auf anderes rückführbar ist. Mit Bezug auf das transitive Schließen (oder auch ‚dialogisch') können die logischen Partikel durch Einführungs- und Beseitigungsschlüsse so erklärt werden, daß hierbei nichts vorausgesetzt wird, das einer Einzelwissenschaft entnommmen wäre. P. Lorenzens dialogische ‚Verwendungsregeln' sind dieser Einführung angepaßt, sodaß auch die ‚Gewinnstrategien' den ‚Sequenzenregeln' (in Gegenrichtung gelesen) und damit den Regeln für das ‚natürliche Schließen' entsprechen.[10]

P. Lorenzen legt großen Wert darauf, zu betonen, daß Logik ein Agon, ein Wettspiel ist, und daß der Beweis der logischen Wahrheit einer Aussage bei einem solchen Wettspiel dem Besitz einer Gewinnstrategie (bezogen auf die zu den logischen Partikeln gehörenden Dialogschemata) gleichkommt.[11] Während durch einen Kalkül ein ‚Solospiel' mit Figuren erklärt ist, hat es die formale Logik mit formalen Dialogspielen zu tun. Behauptungen sind ‚Züge' in diesem Dialogspiel. Bei einem formalen Dialogspiel (Logikspiel) ist die Art eines zugrunde liegenden Kalküls für das Metaspiel irrelevant. Behauptungen, für die eine Gewinnstrategie besteht, sind ‚allgemein-zulässig'. Doch hebt Lorenzen hierbei im Unterschied zur früheren Logikbegründung in der ‚Operativen Logik und Mathematik' (1955) jetzt den Charakter der Logik als Agon hervor und erinnert zugleich an den historischen Ursprung der Logik in der Antike. Freilich wird man aber ergänzen müssen, daß die sichere Durchsetzungskraft der neueren Logik Zeugnis vom modernen Wissenschaftsgeist ablegt.

Wenn von einem agonalen Charakter der Logik gesprochen wird, dann kann auch von einem agonalen Charakter aller modernen Wissenschaften gesprochen werden. Dies rührt nicht allein, aber unter anderem auch daher, daß zur Formulierung spezieller Sätze die logischen Partikel (besonders die Quantoren) verwendet werden. Derart formulierte

[10] P. Lorenzen, Metamathematik, Mannheim 1962, S. 26 ff.

[11] P. Lorenzen, Logik und Agon, in: Lorenzen /Lorenz, Dialogische Logik, Darmstadt 1978.

Sätze sind auffaßbar als Thesen, die wahr sind, wenn sie in einem Dialogspiel (jetzt bezogen auf spezielle Kalküle) verteidigt werden können. Vielleicht würde dem ein Bild entgegengehalten werden, nach dem die formale Logik eine Art allgemeiner Grundwissenschaft wäre, auf die sich zunächst Mathematik und dann mathematische Naturwissenschaft aufbaut, indem jede dieser Wissenschaften die vorangehende benutzt. Dem entspräche, daß die formale Logik in der Tat häufig als eine in sich begründete Wissenschaft angesehen wird. Doch würde die Bedeutung dieser Wissenschaft ganz erheblich sinken, würden nicht die logischen Partikel auch gerade zur eigenverantwortlichen Formulierung spezieller Sätze einer Wissenschaft benutzt. Einmal dient dies der Präzisierung von Zusammenhängen, die sonst inhaltlich nur mühsam formulierbar wären und in vielen Fällen gar nicht aufgestellt worden wären. Zum anderen wird hiermit schon die ‚Anwendbarkeit' der formalen Logik mit guten Gründen vorbereitet. Um letztere anwenden zu können, müssen nun nicht erst die mehr oder weniger inhaltlich formulierten Ausdrücke für eine mit logischen Symbolen arbeitende Sprache umgeschrieben werden. Somit liegt gar nicht offen — und diese Frage wird auch keineswegs übereinstimmend beantwortet — wo die primäre Verantwortung für die Erklärung der logischen Ausdrücke eigentlich liegt (selbst die Abhängigkeit vom empirischen Erfahrungswissen wird von einigen Denkern nicht prinzipiell ausgeschlossen). Der Eindruck, daß die ‚exakten Wissenschaften' hinsichtlich der Grundfragen ihrer eigenen Begründung weniger weit auseinanderliegen, als zumeist angenommen wurde, verstärkt sich zunehmend. Es besteht ein berechtigtes Interesse, das Gemeinsame im Wesen dieser Wissenschaften ans Licht zu bringen.

Es ist ein — um den Kantischen Terminus zu gebrauchen — gemeinsamer ‚Charakter der Notwendigkeit', den es aufzuhellen gilt. Er prägt durchgehend Logik, Mathematik und exakte Naturwissenschaft. Zwar ist die Logik keine empirische Wissenschaft, jedenfalls nicht im üblichen Sinn. Auch ist ihre ‚Notwendigkeit' nicht dieselbe wie diejenige der Mathematik. Aber in der Logik erwachsen, wie in jenen Wissenschaften (und im engen Kontakt mit diesen), unvermutet neue und verwandte Fragen bei dem Versuch einer befriedigenden Begründung.

Ein aufschlußreiches Beispiel, das im gleichen Maße ein mathematisches wie ein logisches Problem enthält, ist das in G. III. angegebene Beispiel Heytings. Es wird ein klassisch wahrer logischer Satz widerlegt, der im üblichen Konzept weder konstruktiv beweis- noch widerlegbar ist. Nun ist es freilich nicht erforderlich, sich auf Grund dieser Widerlegung die Entscheidung aufzwingen zu lassen, entweder die Brouwersche Interpretation der spreads und Fächer zurückzuweisen oder aber die konstruktive Logik zu revidieren. Zwar ist zuzugeben, daß ein Gegenbeispiel genügen würde, um ein Logikkonzept zu Fall zu bringen. Es bleibt hier aber doch die Frage, ob unter den Begriff des ‚Individuenbereiches für Quantoren' die Brouwermengen unproblematisch zu subsumieren sind. Die Frage war schon aufgeworfen worden, ob Wahlfolgen einer Brouwermenge wie individuelle Objekte zu behandeln sind. Wird mit Hinweis auf den besonderen Charakter ‚werdender' spreads und ihrer Elemente gerade diese Subsumierbarkeit in Frage gestellt, dann hätte man die Problematik gewendet und brauchte nicht die Logik einer prinzipiellen Revision auszuliefern. Dennoch dürfte es schwer und wenig anzuraten sein, aus den überraschenden Ergebnissen Brouwers keine weiteren Konsequenzen zu ziehen. Denn in jedem Fall bleibt hervorzuheben, daß die hier angesprochenen Probleme das mathematische und logische Denken unter einem gemeinsamen Gesichtspunkt für ineinandergreifende Fragestellungen beanspruchen. Indirekt — zwar nicht genau in dem von Brouwer intendierten Sinn — bestätigt sich damit die Brouwersche Kritik an der scharfen Trennung von Logik und Mathematik.

V. Die ‚Sicherheit' der Wahrheiten der Logik und der ‚exakten Wissenschaften'

1. Vorbemerkung

Die Logik, schreibt Heidegger, wurde zu derjenigen Disziplin, „die am meisten der Verhärtung und der Ablösung von den zentralen Problemen der Philosophie" unterlag.[12] Dies ist nicht zuletzt deshalb besonders bemerkenswert, weil in dem Begriff ‚Logik' das Wort Logos und im Logos — wie Heidegger immer wieder betont — ein ‚Versammeln' und ‚Entdecken' des Anwesenden selbst durchklingt. Rede ist Rede über etwas, aus dem sie, wenn sie wahr ist, schöpft. Rede hat aufzeigenden Charakter, sie legt etwas (Seiendes selbst) als etwas aus.

Hiervon weiß die formale Logik nichts. Und mehr noch: Selbst als spezifische Wissenschaft stand sie bei Kant in dem Ansehen, seitAristoteles ‚keinen Schritt vorwärts' haben tun zu können.[13] Dagegen protestierten zwar Logiker vom Fach, indem sie auf Beschränktheiten der Aristotelischen Syllogistik und auf allgemeine Gründe verwiesen, die erkennen lassen, „ daß sich der Aristotelische Formalismus schon bei ganz einfachen logischen Zusammenhängen als unzulänglich erweist".[14] Dennoch ist klar, daß gerade diese Erweiterungen ohne Zwang subsumiert werden können unter das, was nach Heidegger nicht über eine Bemühung um ‚Herausstellung des Formenbaues des Denkens' und der ‚Aufstellung seiner Regeln' hinausgelangt[15] und damit eine ursprüngliche philosophische Anstrengung vermissen läßt. Eine schon erfolgte Scheidung von Sein und Denken gehört zu den Vorausset-

---

[12] M. Heidegger, Die Grundprobleme der Phänomenologie, S. 252.

[13] I. Kant, Kritik der reinen Vernunft, B. VIII.

[14] D. Hilbert/ W.Ackermann, Grundzüge der theoretischen Logik, 3. Aufl. 1949, S. 49.

[15] M. Heidegger, Einführung in die Metaphysik, S. 129 f.

zungen, die hier als solche nicht mehr im Blick sind. Erst allmählich erwächst in der Propädeutik zur Logik wieder ein Verständnis für die Bedeutung des Zu- und Absprechens (und damit der ‚Kopula') in Elementarsätzen. Doch auch hier bleibt die ‚Frage nach dem Sein' im Sinne Heideggers noch abgeschnitten. Heidegger schrieb schon in den ‚Grundproblemen': „Das Problem kommt solange nicht von der Stelle, als die Logik selbst nicht wieder in die Ontologie zurückgenommen wird."[16]

Doch wie steht heute das, was üblicherweise Logik genannt wird, zur Seinsfrage? Bei der Besinnung auf die Logik als spezifischer Wissenschaft spielt die Frage nach den Gründen der Sicherheit der wahren logischen Aussagen eine mit Recht herausragende Rolle. Interessant ist, daß P. Lorenzens Hinweis auf den agonalen Charakter der Logik weit zurückweist auf die Entstehungsgeschichte der Logik. Dies ist deshalb besonders beachtlich, weil das, was ein gleichsam ‚fairer' und damit wahrheitsfördernder Agon sein kann, eine auf Wissenschaftlichkeit bezogene Antwort erhält, die Einschränkung und Festlegung zugleich ist. Nach einer äußerst langen Inkubationszeit kristallisiert sich diejenige Antwort heraus, die auf den Inbegriff der Wissenschaftlichkeit zielt. Soll ‚Denken' nicht mit ‚wissenschaftlichem Denken' von vornherein gleichgesetzt werden, soll die Frage nach der Logik auch die Rückfrage nach dem Logos mit einschließen, dann wird es vielleicht dereinst möglich, von der Seinsfrage her die Frage nach der Wissenschaftlichkeit neu zu stellen. Wenn Heidegger hier den Weg gewiesen hat, dann besagt dies: Es wird sich zeigen, inwiefern das ‚herausfordernde Entbergen' zur immer dominierenderen Grundweise des heutigen Denkens wird, aber gerade dadurch möglicherweise eine ‚Einkehr' der Wissenschaftlichkeit in ihr eigenes Wesen und damit zugleich in das Denkgeschehen als Wahrheitsgeschehen vorbereitet.

---

[16] M. Heidegger, Die Grundprobleme der Phänomenologie, S. 254.

Folgen wir angesichts dieser Überlegung der Weisung Heideggers: „Die Philosophie soll nicht prophezeien, aber sie soll auch nicht schlafen.“[17] Wie ist dann vorzugehen? Es wird zunächst noch einmal eine zentrale Frage an die formale Logik zu stellen sein.

2. Worauf beruht die ‚Sicherheit' der Logik?

Die Frage nach der ‚Sicherheit' der formallogisch wahren Behauptungen ist nicht schon dadurch beantwortet, daß ein Aufbau vorgelegt wird, mit dem sich jede dieser Behauptungen überzeugend rechtfertigen läßt. Damit ist nämlich noch nicht explizit eine Auskunft darüber gegeben, worin die Überzeugungskraft eigentlich gründet. Mit einer l-wahren Behauptung kann sich jeder, wie erwähnt, getrost auf P. Lorenzens ‚Wettspiel' einlassen, denn er besitzt für seine Behauptung, die letztlich auf das ‚Ableiten' in beliebigen Kalkülen (bzw. auf eine experimentelle Entscheidung) bezogen ist, eine ‚Gewinnstrategie'. Ebenfalls könnte er seine Behauptung unter Verwendung der Regeln des ‚natürlichen Schließens' einlösen und sich zusätzlich überzeugen, daß die benutzten Schlüsse die logischen Partikel durch die Art ihrer Verwendung bei Einführungs- oder Beseitigungsschlüssen allererst festlegen. Handelt es sich hier, wenn schon nicht um explizite Definitionen, so doch vielleicht um Festlegungen von rein konventionellem Charakter? Man wird mit Recht zögern, dem zuzustimmen. Die Verwendungsregeln sind ja von vornherein dadurch vorbestimmt, daß sie auf das Schließen und damit auf Bedingungen des Schließens bzw. eine entsprechende dialogische Grundsituation ausgerichtet sind.

Durch eine logische, also ‚allgemeinzulässige' Behauptung wird keine Wissenschaft erweitert. Denkt man an eine allgemeinzulässige Kalkülregel, so kann sie stets zu den bisherigen

[17] Ebd.

Regeln (von grundsätzlich derselben Art) hinzugefügt werden, ohne daß dadurch mehr ableitbar würde als zuvor. Da dies für alle Wissenschaften gilt, stellen die allgemeinzulässigen Regeln einen besonderen Typ von Regel dar. Das Gemeinsame, das auch für diesen Regeltyp vorausgesetzt ist, ist — wie schon angemerkt — generell verankert in der Möglichkeit des transitiven Schließens , welche letztere die systematische Ordnung einer Theorie verbürgt. Durch die Regeln der Theorie werden die (in allen relevanten Theorien unendlich vielen) Sätze mit endlichen Mitteln verfügbar verbunden. Festlegungen, die keine expliziten Definitionen sind, sondern — wie bei den Erklärungen der logischen Partikel — von vornherein auf das ‚natürliche' transitive Schließen bezogen sein müssen, haben keinen ‚bloß konventionellen' Charakter. Sie dienen jener Art der Verfügbarkeit, der das logische Schließen selbst in ausgezeichneter Weise dient. Die ‚sachferne' Logik bringt dies in reiner Form zum Ausdruck. Daher ist es nicht erstaunlich, daß das, was sich über alle sog. ‚exakten Wissenschaften' sagen läßt, hier als prägend formuliert ist: Die Behauptungen sind ihrem Sinne nach auf ihr ‚Verteidigt-werden-können' in einem ‚Agon' bezogen. Sie sind diesem ‚Agon' verpflichtet nach vorher vereinbarten, das Schließenkönnen weiter differenzierenden Regeln.

3. Die Logik und die Wissenschaften

Die spezifischen Wissenschaften stehen im Vergleich zur formalen Logik gegenüber jeglichem speziellen Seienden (in seinem Wiesein) in herausfordernder Konstellation. Wird gesehen, daß die formale Logik gar keine Einsichten zutage fördert außer solchen, die für alle Wissenschaften gültig sind (ohne jedoch deren spezifische Einsichten erweitern zu können), dann zeigt sich, daß die formale Logik gar nichts ‚Neues' liefert, abgesehen von dem einen Punkt, daß sie unser Augenmerk auf das Wesentliche des Vorgehens lenkt. Kann das ‚Für-alle-Gelten' ihre Dignität steigern? Welche Leistung zeichnet sie aus? Von ‚Leistung' zu sprechen, verlöre hier jeden Sinn, würde dabei nicht auf die Leistung gesehen, die — sofern es um jenen Kernpunkt geht — schon in der ‚Zulässigkeit' als solcher steckt. Was also der Blick auf die spezifischen Wissenschaften erkennen läßt, kann — wenn es um Wesensbestimmung geht — aus dem entnommen werden, was uns die formale Logik zeigt. Es ist die ‚agonale Herausforderung', die das Wesen der Wissenschaftlichkeit (der modernen ‚exakten' Wissenschaften) ausmacht. Sie ist indes nicht nur Herausforderung von Subjekten untereinander, sondern von vornherein eine herausfordernde Konstellation dem Seienden gegenüber. Es ist — wie im nächsten Kapitel näher erläutert wird — ein Herausgefordertsein des Menschen zum herausfordernden Entbergen.

H. Herausforderndes Entbergen und freies Verhältnis zur Wahrheit

I. Der Mensch ist selbst herausgefordert zum herausfordernden Entbergen

Hervorgehoben und nochmals vergegenwärtigt sei einführend: Das herausfordernde Entbergen, das nach Heidegger schon der modernen mathematischen Naturwissenschaft zugrundeliegt, ist grundsätzlich unterschieden vom hervorbringenden Entbergen der griechischen poiesis. Die Entwicklung zur modernen Wissenschaft wird oftmals dahingehend gedeutet, daß verbesserte Methoden eben eine verbesserte Beschreibung und damit Beherrschung der Natur ermöglichen. Das Wort ‚Beschreibung' fließt dabei gern ein, weil es eine Kontinuität vortäuscht in dem, was der Mensch berechtigtermaßen stets wollte und auch weiterhin wollen wird und wollen darf. Wir hatten jedoch gesehen, daß die moderne Naturbeschreibung genauer besehen eine Naturbeherrschung beinhaltet. *Und hier ist ihr der Blick für das, was Beherrschung ermöglicht, entglitten. So sieht sie nicht, daß sie das, was sie letztlich erstrebt, am wenigsten vermag: Herr über ihre eigene Naturbeherrschung zu sein.* Eng damit zusammen hängt etwas, das Heidegger den ‚Fortriß' in eine ‚fortschreitende Rationalisierung' nennt, der als solcher nicht erfahren wird. Auch jetzt muß gefragt werden: Was ist die Ratio, die hier waltet? Und dieses war schon vorbereitet worden: Das Operationale und Modellhafte des vorstellenden Denkens, also das, was gern als Ausdruck der Rationalität gedeutet wird, ermöglicht das ‚Stellen' (vgl. F.III.). Die Rationalität wird mit der Irrationalität konfrontiert, und die entscheidende Frage ist, wie beides unterschieden werden soll. Die vorangehenden Abschnitte haben sich an manchen Stellen — und dies mit voller Absicht — auf Spezialfragen der Wissenschaftsbegründung eingelassen. Dabei wurde jede Berufung auf Logik, Ratio u. dgl. beiseite gelassen. Dies geschah in der Überzeugung, daß es keine derartige Plattform gibt, insofern eine solche Plattform nämlich das, was das Fragen selbst ermöglicht und wachhält, das ‚Gewährende', vorzeitig abschneiden würde. Die Rechtfertigung eines Fragens liegt gerade darin, sich die Frage nicht abschneiden zu lassen und sich auf keine entwurzelte ‚Position' schieben zu lassen. Wird damit geleugnet, daß es Sachlichkeit und Unsachlichkeit gibt? Hier ist es gut, Heidegger selbst zu zitieren, der die ‚Sache des Denkens' im Auge hat.

Heidegger unterstreicht in seiner späten Schrift ‚Zur Sache des Denkens' (1969) noch einmal, daß beim sog. ‚rationalen Vorgehen' vielfach die Wahrheit „ nicht nur am Effekt gemessen (sc. werde), den ihre Verwendung innerhalb des Fortschritts der Forschung bewirkt". Vielmehr werde die wissenschaftliche Wahrheit hier sogar „mit der Effizienz dieser Effekte gleichgesetzt." „Vielleicht", schreibt Heidegger daher, „gibt es ein Denken außerhalb der Unterscheidung von rational und irrational, nüchterner noch als die wissenschaftliche Technik, nüchterner und darum abseits, ohne Effekt und gleichwohl von eigener Notwendigkeit."[1]

II. Die Möglichkeit des Freiseins gegenüber dem ‚Gestell'

Die vorangehenden Abschnitte waren von der Bemühung getragen, Heideggers Thesen zum Wesen der modernen Technik und damit der modernen Naturwissenschaft näher zu verstehen. Denn vom Verständnis des Wesens der modernen Technik hängt es heute vermutlich ab, ob eines Tages mit dem

---

[1] M. Heidegger, Zur Sache des Denkens, Tübingen 1969, S. 64 und 79.

Wesen Technik zugleich der Bezug des Seins zum Menschen in seiner Unverborgenheit ans Licht kommen wird .[2]

Dem bisher Gesagten gegenüber könnte sich die Frage erheben: Was stellt Heidegger als Möglichkeit in Aussicht? Heidegger versichert, er habe nie gegen die Technik und damit auch nie gegen die Naturwissenschaft gesprochen. Aber in der zitierten Passage sagt er auch, der Mensch sei gegenüber der Macht, die ihn herausfordert, nicht mehr frei. Kann der Mensch dieser Macht gegenüber frei werden, ohne sich gegen die Naturwissenschaft zu stellen, und was heißt das? Worin bestünde hier eine wahre ‚Befreiung der Freiheit im Menschen'? Sie besteht darin, daß der Mensch sich als derjenige erfährt und erweist, der vom Sein in ein Verhältnis zur Wahrheit des Seins gebracht ist, das ihm zu hüten aufgetragen ist. Derart hat der Mensch ‚als Sterblicher auf der Erde zu sein' und als solcher zu ‚wohnen'. Dies hieße zugleich ‚freisein' gegenüber der Macht des Gestells, aber eben nur, insofern das Wesen (und damit auch das in gewisser Hinsicht Bedrohliche) der Technik und der modernen Naturwissenschaft selbst erfahren wird (von sich her ‚ans Licht kommt'). Heidegger setzt nicht auf ethische Verbote, um z.B. einen Mißbrauch der Gen-Technologie zu verhindern. Was könnten derartige Verbote bewirken, wenn der Verdacht bestünde, letztere würden die Wahrheitssuche des Menschen behindern? Es gibt hier keinen Kurzweg. Der Weg der gangbar ist, führt nicht um die Naturwissenschaft herum, stellt sich nicht gegen sie, läßt sie aber auch nicht allein in maßgeblicher Geltung.

‚Als Sterblicher auf der Erde sein', ‚wohnen'[3] — hier könnte der Argwohn naheliegen, dies reiche nicht über eine gelungene Formulierung hinaus. Daher sei weiter gefragt: Inwiefern kann das ‚wohnen' bedroht sein, wenn die Natur-

[2] R. Wisser, M. Heidegger im Gespräch, Freiburg/München 1970, S. 73.

[3] M. Heidegger, Bauen Wohnen Denken, in: Vorträge und Aufsätze, S. 147.

wissenschaft sich mehr und mehr generalisierend über den Erdball ausbreitet und die Technik ihrem Können gemäß weiterentwickelt? Die Antwort, die im Sinne Heideggers gegeben werden kann, ist weitreichend. Sie lautet: Weil das sog. ‚Eindringen in die Dinge', das Naturwissenschaft leistet, in wesentlicher Hinsicht kein ‚Schlüssel' ist. Vielmehr wird es, sofern es das Seiende ausschließlich als Gegenstand und Bestand kennt, das wahre Dingsein des Dinges gerade zerstören. Denn das, was durch den Entwurf der modernen Naturwissenschaft ermöglicht wird, ist das ‚Entgegen- stehen' des Seienden als Gegenstand. Die Naturwissenschaft mißversteht sich selbst, wenn sie dies in ihrem Selbstverständnis nicht akzeptiert und ihren Gegenstandsbegriff generalisiert. Die Seinsweise der Gegenständigkeit und ihre Bedeutung für die theoretische Erkenntnis kann und soll nicht in Abrede gestellt werden. Das, was Heidegger beim ursprünglichen Dingsein im Blick hat, ist dagegen ein ‚Insichruhen' und ‚Zunichtsgedrängtsein' des Dinges, das sich dem Eindringenwollen entzieht.

In eindrucksvoller Weise hat Heidegger in den Vorbetrachtungen des Vortrags ‚Der Ursprung des Kunstwerkes'[4] das Scheitern der bisherigen Versuche der Dingbestimmung vor Augen geführt. Sie alle tun dem Dingsein des Dinges Gewalt an, gewähren ihm nicht ein gleichsam ‚freies Feld', damit es sich als Dinghaftes unmittelbar zeigen kann. Doch verweisen diese gescheiterten Versuche gerade durch ihr Scheitern darauf, daß das ‚Sichentziehen' zum Wesen des Dinges gehören könnte. Wohlgemerkt: Der Naturwissenschaftler muß als solcher zurecht die ‚lastende Schwere' eines Steines — um ein Beispiel Heideggers zu nennen — auf objektive Werte und Gesetze zurückführen. Der Rest wird ihm dann meist als ‚psychische Innenseite' des Betrachtenden und Fühlenden gelten und damit nicht weiter interessieren. Daß es diesen

[4] M. Heidegger, Der Ursprung des Kunstwerkes (vgl. insbes. den Abschnitt: Das Ding und das Werk), S. 7 ff. (GA 5, S. 1 ff.).

‚Innenaspekt' gibt, ist für manchen sogar ein gewisses Ärgernis, das ihm eine ungeliebte philosophische Entscheidung abnötigt, sich z.B. zu einer Identitätslehre oder zu einem Dualismus zu bekennen.

Für Heidegger geht es um einen zentralen Punkt seiner Philosophie: Eingefügt in das Urgeschehen von Entbergung und zwiefacher Verbergung (Versagen und Verdecken) geschieht der ‚Streit' von sich öffnender Welt und sich verschließender Erde. Diese Thematik gehört zur Frage nach ‚Wahrheit und Bergung'. Heidegger schreibt: Um das Sichverbergen „nicht zu beseitigen, vielmehr zu bewahren, bedarf es der Bergung dieses Geschehens. Das Geschehen wird verwandelt und erhalten (warum) in den Streit von Erde und Welt. Die Bestreitung des Streites setzt die Wahrheit ins Werk, in das Zeug, er-fährt sie als Ding, vollbringt sie in Tat und Opfer".[5] Die ‚Bergung' aber ist bedroht durch das Gestell. „Das Bestellen des Gestells stellt sich vor das Ding, läßt es als Ding ungewahrt, wahrlos." Der wachsenden Seinsvergessenheit des Menschen entspricht eine wachsende Seinsverlassenheit des Seienden, die ‚Verwahrlosung des Seienden'.[6]

Wenn auch im Kunstwerkaufsatz der ‚Streit von Welt und Erde', das Ins-Offene-kommen der sich verschließenden Erde, von Heidegger am eingehendsten dargestellt ist, so muß doch gesagt werden, daß es Heidegger hier zunächst um das Wahrheitsgeschehen als solches geht (nicht schon sogleich um die Kunst, d.h. um das Hervorbringen des Wahren in das Schöne). Gerade auch die Bedrohung durch die Technik betrifft dieses Geschehen in allen seinen Weisen. Allen Weisen gegenüber setzt sich das herausfordernde Entbergen immer ausschließlicher durch. Doch geht es nicht um Verurteilung der Technik, — vielmehr darum, „das Wesen der Technik und der technischen Welt zu verstehen".

[5] M. Heidegger, Beiträge zur Philosophie, GA 65, S. 391.

[6] F.-W. v. Herrmann, Technik und Kunst im seynsgeschichtlichen Fragehorizont, in: Kunst und Technik. Gedächtnisschrift zum 100. Geburtstag von M. Heidegger, Frankfurt a. M. 1989, S. 25 ff. (vgl. insbes. S. 45).

III. Schlußbetrachtung
Die Ermöglichung des ‚freigebenden Sein-bei' und die ‚exakten Wissenschaften'

Das Aussagen als aufzeigendes Sehen-lassen hat, wie ausgeführt wurde, nach Heidegger die Struktur ‚etwas als etwas sehen lassen'. Frühzeitig sah Heidegger, daß hierin eine bestimmte Möglichkeit des ‚reinen Gegenwärtigens' liegt. Die Anwesenheit des Vorhandenen ist nur entdeckbar in einer Gegenwart, ‚der Sinn von Sein' (der Anwesenheit) ‚muß aus Gegenwart begriffen werden'.[7] Mit Bezug auf die Logik schreibt Heidegger: Sie ist nur vorwärts zu bringen, wenn sie sich auf die ‚Grundstrukturen ihrer thematischen Phänomene' besinnt, d.h. auf „die primären Seinsstrukturen des Logischen als eines Verhaltens des Daseins, auf die Zeitlichkeit des Daseins selbst" (ebd.).

Das Gegenwärtigen „ ist der temporale Sinn des Seins bei der Welt" (ebd.). Das, was Heidegger frühzeitig sah, der temporale Sinn und der Freigabecharakter des Sein-bei, ist ein vorrangiger Gesichtspunkt, den Heidegger in seinem Denken voll entfaltet hat. Bei diesem Weg der Entfaltung einer der wichtigsten Einsichten läßt sich der Schritt zur Vertiefung gut verfolgen, den F.-W. v. Herrmann für ein angemessenes Heideggerverständnis mit besonderem Nachdruck herausgearbeitet hat. Hierzu sei jetzt noch einmal auf das in der Anmerkung 4 der Einführung über die unteilbare Zusammengehörigkeit von Geworfenheit, Entwurf und Sein-bei Gesagte zurückgekommen. In SuZ war — wie v. Herrmann zeigt — für das rechte Verständnis des Sein-bei die Analyse des § 18 von SuZ mit heranzuziehen. Das besorgende Sein-bei (zunächst bei der vertrauten Umwelt) hat den Charakter des Bewendenlassens, des Freigebens und Entdeckens. Darüber hinaus gilt es zu sehen, daß „das Entdecken des Seienden in seiner bewandtnisbestimmten Entdecktheit

---

[7] M. Heidegger, Logik S. 413 ff.

(Offenbarkeit)" „ontologisch-existenzial die Erschlossenheit von Welt" schon voraussetzt. Im weiteren zeigt sich folgendes: Die transzendental-horizontal verfaßte Erschlossenheit von Sein überhaupt erweist sich als das Gewährende für die Anwesenheit des Seienden. Der geworfene Entwurf wird aber später von Heidegger ursprünglicher erfahren „aus dem Sichzuwerfen und Sichzuschicken des Seins in seiner Wahrheit als Lichtung"[8] Wohin also wurde Heidegger auf seinem Weg geführt? Der ‚Freigabecharakter' führt auf die Frage nach der ekstatischen Zeit. Der Naturwissenschaftler hat es in seiner täglichen Arbeit nur mit der eindimensionalen Zeit, mit der Zeitkoordinate t, zu tun. Ginge er den Problemen, die in den vorangehenden Abschnitten erörtert wurden, weiter nach, so käme er in Bereiche, die dem angedeuteten Normalverständnis fremd anmuten müssen. Heidegger hat auf das Geheimnis des echten Anfanges eines Denkens gelenkt, eines Anfanges, der in einer wesentlichen Hinsicht alles Kommende schon übersprungen hat. Er hat dabei zugleich gezeigt, was es heißt, daß Dasein aus seiner Zukunft geschieht, ‚vorlaufend' auf das eigenste Gewesen zurückkommt und allererst aus der existenzialen Zukunft Zugang zur existenzialen Vergangenheit[9] hat. ‚Sein und Zeit' wird vertieft durch ‚Zeit und Sein'[10] und damit schließlich durch die Frage nach dem ‚Ereignis', von dem her das ‚Reichen der Weisen der Zeit' und das ‚Schicken von Sein' gedacht wird.

Wenn nun Heidegger sagt, daß die Logik nur weiter kommen kann, sofern sie sich auf primäre Seinsstrukturen (damit letztlich auf die Frage nach dem Seinsgeschick) besinnt, dann

---

[8] F.-W. v. Herrmann, Subjekt und Dasein, 2. Aufl. S. 208 ff. (vgl. auch Anm. 4).

E. Richter, Heideggers These vom ‚Überspringen der Welt' in traditionellen Wahrheitstheorien und die Fortführung der Wahrheitsfrage nach ‚Sein und Zeit', in: Heidegger Studies V (1989), S. 47 ff.

[9] Zu den hier nur angedeuteten Erörterungen aus ‚Sein und Zeit' vgl. F.-W. v. Herrmann, Hermeneutische Phänomenologie des Daseins, S. 199 ff.

[10] M. Heidegger, Zeit und Sein, in: Zur Sache des Denkens, S. 1 ff.

haben unsere Überlegungen folgendes gezeigt: *Logik, Mathematik und mathematische Naturwissenschaft als die sog. ,exakten Wissenschaften' werden insgesamt durch das Geschick des ,herausfordernden Entbergens' bestimmt. Ihre Sicherheit ist die Sicherheit des ,Machenkönnens', das sich vom hervorbringenden Entbergen unterscheidet, obwohl es letzteres voraussetzt.* Ins ,Riesenhafte' gesteigert, alles andere verdrängend und sich selbst nicht verstehend, liegt im ,Machenkönnen' diejenige ,Gefahr', die Heidegger später in entsprechender Weise mit dem Wort ,Gestell' belegt. Abgesehen von dieser ,Gefahr', in der andererseits auch die besondere Möglichkeit der ,Einkehr' liegt, ist jeder abschätzige Beiklang des Wortes ,Machenschaft' fernzuhalten.[11] Und in der Tat ist die Frage nach der Art der Sicherheit der exakten Wissenschaften und der Rolle der Mathematisierbarkeit keine beiläufige. Doch sollte diese Frage nicht herausgelöst werden aus der Grundfrage des Menschseins.

An vielen Stellen seines Werkes — daran sei abschließend noch einmal erinnert — mahnt Heidegger an: Was besagt es, daß für die Griechen Menschsein ,Not der Vernehmung und Sammlung' hieß? Was besagt es, daß der Mensch seiner Bestimmung nach dem Geschehen der Wahrheit von vornherein überantwortet ist. Im Humanismusbrief nennt Heidegger den Menschen den ,ek-sistenten Gegenwurf' des Seins.[12] Wohin gehören die Wissenschaften, wenn demgemäß ein anderer Anfang soll möglich sein? Diese Fragen sind heute ,not-wendige' Aufgaben des Denkens. Für sie hat Heidegger unseren Blick geschärft.

---

[11] M. Heidegger, Beiträge zur Philosophie, S.126.

[12] M. Heidegger, Brief über den Humanismus, in: GA 9 (Wegmarken), S. 342. F.-W. v. Herrmann, Der Humanismus und die Frage nach dem Menschen, S. 279.

Kolibri 360 GmbH
Ferdinand-Jühlke-Straße 7
99095 Erfurt, Deutschland
produktsicherheit@kolibri360.de

Druck:
CPI Druckdienstleistungen GmbH
im Auftrag der
Kolibri 360 GmbH
Ferdinand-Jühlke-Str. 7
99095 Erfurt